国外数字系统设计经典教材系列

数字系统设计快速入门

Real Digital, A Hands-on Approach to Digital Design

[美] 科尔·克林特 著

赵不贿 徐雷钧 郑 博 译

赵 峰 审校

北京航空航天大学出版社

内 容 简 介

本书是数字系统设计初学者的入门教材,书中内容共分 10 章,内容涉及电子电路、逻辑化简、VHDL 语言、组合逻辑电路、组合算术电路、存储器、时序电路、信号传输延时、开发板和 CAD 工具的使用。每章都围绕一个主题,为检验对所学课程的理解和所学课程更深层次的研究,配备了练习和实验工程。

本书可作为高等院校电类和非电类专业低年级学生相关课程的教材和教学参考书,适合用作企业职工初级培训,也可作为从事电子产品开发和生产的工程技术人员、电子爱好者的自学教材。

图书在版编目(CIP)数据

数字系统设计快速入门 /(美)科尔·克林特著;赵不贿,徐雷钧,郑博译. --北京:北京航空航天大学出版社,2010.10

书名原文:Real Digital, A Hands-on Approach to Digital Design

ISBN 978-7-5124-0218-8

Ⅰ. ①数… Ⅱ. ①克… ②赵… ③徐… ④郑… Ⅲ. ①数字系统—系统设计—教材 Ⅳ. ①TP271

中国版本图书馆 CIP 数据核字(2010)第 180239 号

版权所有,侵权必究。

数字系统设计快速入门
Real Digital, A Hands-on Approach to Digital Design
[美] 科尔·克林特 著
赵不贿 徐雷钧 郑 博 译
赵 峰 审校
责任编辑 李松山

*

北京航空航天大学出版社出版发行

北京市海淀区学院路 37 号(邮编 100191) http://www.buaapress.com.cn
发行部电话:(010)82317024 传真:(010)82328026
读者信箱:emsbook@gmail.com 邮购电话:(010)82316936
北京市媛明印刷厂印装 各地书店经销

*

开本:787×960 1/16 印张:15.25 字数:342 千字
2010 年 10 月第 1 版 2010 年 10 月第 1 次印刷 印数:4 000 册
ISBN 978-7-5124-0218-8 定价:32.00 元

译者的话

自从世界上第一片 GAL 芯片在美国 Lattice 公司问世以来,可编程逻辑器件的应用取得了日新月异的发展。特别是 Lattice 公司在 1991 年开发并推出的在系统可编程技术,开拓了新一代在系统可编程逻辑器件,给电子产品的设计和生产带来了革命性的变化。前几年,人们还认为 40 nm 集成电路工艺是一个瓶颈,现如今,Altera 公司刚刚宣布即将推出 28 nm 的 FPGA 产品,这与 1985 年 Xilinx 公司推出第一款 FPGA 产品相隔不到 25 年的时间,这种发展速度令人瞠目结舌,似乎进入了一个神话般的世界,可编程片上系统(System on a Programmable Chip)、可编程片上网络(Net on a Programmable Chip)时代已经真正到来。

在系统可编程技术如此迅猛的发展,在带给人们设计便利与创造性极大发挥惊喜的同时,也给设计者与企业带来了极大的挑战与竞争的压力,这种挑战与压力也直接传递到了高等院校。复杂大系统的开发需要更多的专业知识与技术,产品的性价比要求越来越高而产品的上市时间要求越来越短。因此,企业越来越青睐那些具有丰富设计经验的优秀工程师,那么,高校应当如何培养企业所需要的人才呢?

对在系统可编程技术而言,如果学生能够较早地了解这方面的知识并获得实验条件,在学习的过程中能较早引入工程应用技能并得到实践,使之与专业知识相结合,这不仅会提高学生学习的兴趣和工程实践能力,而且还会培养学生的创新思维,激发学生的创新灵感。许多公司开发出了廉价的可随身携带实验开发板,非常适合于低年级和初学者使用。例如,美国 Digilent 公司的 BASYS 开发板,塑料盒包装,如同书本一般,并配以存有工具软件与资料的光盘。同时 Digilent 公司总裁、华盛顿州立大学教授科尔·克林特先生,以他丰富的教学和产品研发经验,为初学者编写了《Real Digital, A Hands-on Approach to Digital Design》一书。该书深入浅出,通俗意懂,言简意明,将作者丰富的设计经验渗透在其中。全书共分 10 章,每章围绕一个主题,配有练习和设计工程,检验对所学课程的理解和对所学课程更深层次的研究,同时强调要自己动手,按时递交自己的作业。

教学实践证明,即使是"电路"和"数字电路"课题没学的大学一、二年级学生,也能够较好

译者的话

地掌握 Verilog-HDL 语言并用 BASYS 开发板设计出令人感到惊讶的电路来。

　　本书由赵不贿、徐雷钧、郑博翻译，最后由赵不贿修改定稿，硕士研究生吴长江、于小燕、李洪池、杨旻、屠君君参与了翻译工作。根据图书出版规范要求，给书中的图和表加了图题和表题。Digilent 公司中国区经理赵峰先生对译稿进行了仔细的校对，提出了许多合理的意见和建议，译者在此致以衷心的感谢，译者还要感谢与非网科技（北京）有限公司总经理苏公雨先生和贺潇荃先生的支持，同时感谢在本书翻译和出版过程中给予关心、支持和帮助的所有人士。由于译者水平有限，疏漏和不足之处在所难免，恳请读者给予批评指正。

译　者

前 言

工科学生最好在课程学习的同时能有意识地培养自己的设计经验。积极的学习方法是贯穿于本书的特色,将具有挑战性的设计工程与各个新主题结合在一起,从简单的逻辑电路到复杂的数字系统。如果在学生学习的过程中能较早引入工程应用技能并得到实践,那么他们将从中大受裨益,他们不仅学到了基本的工程知识,也获得了挑战和验证所学知识的信心与能力。

本书前面几章的工程设计中,有详细的设计指导和相关计算机辅助设计(CAD)工具的介绍。随着工程的难度加大,设计也越来越复杂,指导与约束条件也越来越少,这有助于鼓励学生找到自己独特的、创造性的解决问题的方法。每一个阶段,当学生获得电路设计、仿真、实现工具的信心和能力时,他们就会在好奇心的驱使下去检验并扩展所学的知识。

为了从本书中充分获益,学生应该在学习下一章之前完成本章所有的设计工程,课后作业中的工程对主动设计工作有帮助,本书与课堂中还会不时地加强这些概念。完成那些工程每周需要 8 个小时或更多的时间,所以学生需要免费的 CAD 工具和设计工具包。本书的设计基于 Digilent Basys 板或者 Nexys2 设计工具包。Digilent Basys 板和 Nexys2 设计工具包是低成本的设计平台,它们包含有强大的、先进的可编程逻辑器件。使用 Xilinx 公司免费的 WebPack CAD 软件,学生可以在任何地方(实验室内或实验室外)使用这些工具包拥有的强大的设计功能。

本书共分 10 章,每章都围绕一个主题,并有配套的练习和设计工程。练习是为了检验对所学课程的理解,不需要设计工具就可以完成。设计工程是对所学课程更深层次的研究,允许学生用电路和系统设计工具完成,进一步巩固所学的知识。

目　录

第 1 章　电子电路简介 ··· 1
1.1　概　述 ··· 1
1.2　背景知识 ··· 1
1.2.1　电气与电子电路 ··· 3
1.2.2　实际电路和模型电路 ·· 4
1.3　数字电路 ··· 4
0 和 1 ··· 5
1.4　电子元件 ··· 7
1.4.1　电　阻 ·· 7
1.4.2　电　容 ·· 8
1.4.3　输入类元件（按钮和开关） ·································· 9
1.4.4　输出类器件（LED） ··· 9
1.4.5　连接器件 ·· 10
1.4.6　印制电路板（PCB） ·· 11
1.4.7　集成电路（芯片） ··· 12
1.5　逻辑电路 ··· 13
1.5.1　三极管开关 ·· 16
1.5.2　FET 构成的逻辑电路 ·· 19
1.5.3　逻辑电路图 ·· 22
练习 1　数字电路和 Basys 板 ·· 24

第 2 章　Digilent FPGA 开发板介绍 ·· 31
2.1　概　述 ··· 31
2.2　Digilent 开发板参考资料 ··· 33
练习 2　Digilent FPGA 开发板介绍 ···································· 34
实验工程 2　开发板检验和基本逻辑电路 ··························· 37
附录　用 Adept 对 Digilent 开发板进行编程 ······················· 39

目 录

第 3 章 逻辑电路结构与 CAD 工具简介 … 46
3.1 概述 … 46
3.2 逻辑电路基本结构简介 … 47
3.2.1 原理图及其原型 … 47
3.2.2 组合电路结构 … 49
3.2.3 SOP 与 POS 电路 … 51
3.2.4 异或运算 … 53
3.3 CAD 工具简介 … 55
3.3.1 产品设计流程 … 56
3.3.2 电路仿真 … 57
练习 3 逻辑电路结构 … 62
实验工程 3 电路原理图绘制简介 … 66
附录 WebPack 原理图设计入门指南 … 67

第 4 章 逻辑化简 … 82
4.1 概述 … 82
4.2 背景介绍 … 83
4.3 布尔代数 … 85
4.4 逻辑图 … 89
4.5 逻辑函数的不完整表述(无关项) … 93
4.6 加入变量 … 94
4.7 基于计算机的逻辑化简算法 … 98
练习 4 逻辑化简 … 100
实验工程 4 逻辑化简 … 107

第 5 章 VHDL 语言介绍 … 110
5.1 概述 … 110
5.2 背景介绍 … 111
5.2.1 电路的结构设计与行为设计比较 … 112
5.2.2 综合与仿真 … 114
5.3 VHDL 语言介绍 … 115
5.3.1 信号的赋值 … 116
5.3.2 使用 Xilinx VHDL 工具 … 117
实验工程 5 VHDL 介绍 … 118
附录 使用 Xilinx VHDL 工具 … 120

第6章 组合逻辑块 126
6.1 概 述 126
6.2 背景介绍 127
6.2.1 信号的二进制码(总线) 127
6.2.2 多输出电路的化简 128
6.3 组合电路块 129
6.3.1 数据选择器(多路选择器) 129
6.3.2 译码器 133
6.3.3 数据分配器 135
6.3.4 七段显示器和译码器 136
6.3.5 优先编码器 138
6.3.6 移位寄存器 139
练习6 组合逻辑块 142
实验工程6 组合逻辑块 151

第7章 组合算术电路 153
7.1 概 述 153
7.2 背景介绍 154
7.2.1 位分段设计方法 154
7.2.2 比较器 155
7.2.3 加法器 157
7.2.4 减法器 160
7.2.5 负 数 161
7.2.6 加法/减法器 163
7.2.7 加法器溢出 164
7.2.8 硬件乘法器 164
7.2.9 ALU电路 165
7.2.10 VHDL的ALU行为描述 167
7.3 VHDL进阶 168
7.3.1 结构设计与行为设计比较 168
7.3.2 VHDL中的模块化设计 170
7.3.3 VHDL中的算术函数 172
练习7 组合算术电路 173
实验工程7 组合算术电路 181

目 录

第8章 信号传输延迟 … 183
- 8.1 概 述 … 183
- 8.2 逻辑电路中的传输延迟 … 184
  - 8.2.1 电路延迟与CAD工具 … 185
  - 8.2.2 在VHDL源文件中指定电路的延迟 … 186
  - 8.2.3 毛 刺 … 187
  - 8.2.4 使用CAD工具生成延迟 … 189
- 实验工程8 信号传输延迟 … 191
- 附录 ISE/WebPack仿真器后布线模式运行 … 194

第9章 基本存储电路 … 196
- 9.1 概 述 … 196
- 9.2 背景介绍 … 197
  - 9.2.1 存储器电路介绍 … 197
  - 9.2.2 基本单元 … 199
  - 9.2.3 D锁存器 … 201
  - 9.2.4 D触发器 … 202
  - 9.2.5 存储器复位信号 … 204
  - 9.2.6 存储器的其他输入信号 … 204
  - 9.2.7 其他类型触发器 … 205
  - 9.2.8 寄存器 … 205
  - 9.2.9 其他类型存储器电路 … 206
  - 9.2.10 存储电路的VHDL描述 … 206
  - 9.2.11 VHDL中的进程语句 … 206
- 实验工程9 基本存储电路 … 210

第10章 时序电路的结构化设计 … 213
- 10.1 概 述 … 213
- 10.2 背景介绍 … 213
  - 10.2.1 时序电路的特征 … 213
  - 10.2.2 时序电路设计 … 215
  - 10.2.3 使用状态图来设计时序电路 … 217
  - 10.2.4 时序电路的结构化设计 … 220
  - 10.2.5 二进制计数器 … 222
  - 10.2.6 用VHDL描述二进制计数器 … 224
- 练习10 时序电路的结构化设计 … 227
- 实验工程10 时序电路的结构化设计 … 230

第1章 电子电路简介

1.1 概述

本章简要介绍电子电路与系统。除最基本的概念外,还着重强调了后续章节所需的内容。本书在每章内容结束后,都有与之配套的练习,练习记入学分,请完成并按时提交。

阅读本章前,你应该:
- 找一个安静的地方坐下来阅读。

本章结束后,你应该:
- 理解电压、电流和电阻的定义,能够在基本电路中应用欧姆定律;
- 熟悉各种不同的电子元器件;
- 了解基本场效应管(FET)的结构、工作原理以及在逻辑电路中的作用;
- 理解逻辑门的功能;
- 能够根据逻辑表达式绘制出逻辑电路,并根据原理图写出逻辑表达式。

完成本章,你需要:
- 有阅读的能力和学习的愿望。

1.2 背景知识

一切物质都是由原子组成的,原子包含带正电荷的质子和带负电荷的电子。带电粒子的周围形成电场,能够对其他带电粒子施加力的影响。质子周围形成正电场,电子周围形成负电场。对每一个电子和质子而言,它们周围的场强大小是相同的,所带电荷的"基本单元"其量值为 1.602×10^{-19} C。C 为电荷的单位,通过电流(在某一闭合回路中)的测量得到:1 C 电荷等

第1章 电子电路简介

于 1 A 大小的电流在 1 s 内输送的电荷量(1 C 电荷大约为每秒通过 120 W 灯炮的电量)(译者注:美国电网电压为 110 V)。如果电荷量为 1 C 的质子与电荷量为 1 C 的电子相距 1 m,根据库仑定律,将会产生 8.988×10^9 N 的引力,相当于地球表面约一百万吨的重力。同样,两个电荷量为 1 C 的质子或电子之间也存在同样大小的斥力。在电路中发挥动力作用的就是这种内部粒子间巨大的作用力。

一个或多个质子周围的正电场将会对其他质子产生斥力,对其他的电子产生引力。电场可以使带电粒子移动,这样它就对带电粒子做了一定量的功,也就是存在势能。电场对单位电荷贡献的能量为 J/C,常称为电压。电压经常被认为是"电子驱动力",可以使电荷移动。电源就是一种在局部含有不均衡电子的材料,其一端(负极)聚集着大量电子,而另一端(正极)电子相对缺乏。电源的电动势以伏特为单位,由其储存的电荷量、负极与正极间的距离、材料之间的势垒以及其他因素决定。一些电源(如小电池)输出电压小于 1 V,而有些电源(如发电站)可以输出上万伏的电压。通常,9~12 V 的电源被认为对人体是安全的(表面皮肤至少要完整),但是有些人即使在低电压下也会受到伤害(有时是致命的)。本书的实验中,读者不会接触超过 5 V 的电压。

电子携带着最小的负电荷量,即使最微小的物质也包含数十亿个电子。大多数材料中,电子被牢牢地束缚在带正电荷的质子周围。在绝缘体中,电子不能在原子中自由移动。在另外一些材料(如金属)中,电子可以随意地从一个原子移动到另一个原子,这样的材料称为导体。电子在导体中的移动称为电流,以安培为单位。如果给导体接上电源,电子会从电源负极穿过导体,移至正极。所有的材料,即使是导体,都会对电流的流动产生电阻。电阻的大小决定了电流的大小,电阻越大,电流越小。根据定义,导体的电阻非常小,所以导体不能直接与电源两端相连,因为这样会产生巨大的电流,从而损坏电源或导体本身。通常用电阻器与导体串联来限制电路中电流的大小。

大约在 1825 年,Georg Ohm 通过一系列的实验验证了电压、电流和电阻间的基本关系:电压(V)等于电流(I)乘以电阻(R),即 $V = I \cdot R$。这个电学中最基本的方程表明,当三个量中的任意两个量已知时,就可以求出第 3 个量。

电阻以欧姆为单位,符号为 Ω。根据欧姆定律,1 V 的电压加在 1 Ω 的电阻上将会产生 1 A 的电流(1 s 内电阻中将通过 1 C 的电荷)。同样,3.3 V 的电压加在 3.3 Ω 的电阻上将会产生 1 A 的电流。在图 1.1 所示的电路图中,与电源正极和负极两端连接的是导体,其电阻可以忽略不计。这样,电源电压加在电阻两端——电阻左端 3.3 V,右端为地(GND)。当电流通过电阻时,流经电源和电阻材料上的电子会发生碰撞,这些碰撞导致电子失去它们的势能并且这些失去的势能以热能的形式损耗掉。就像在一些物理系统中定义能量对时间的导数为功率一样,在电路中,功率以瓦特为单位(符号为 W),定义为电压乘以电流,

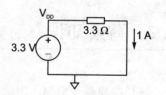

图 1.1 欧姆定律举例

或 $P=V \cdot I$。在任意给定的时间内,传送到电阻上的功率会使电阻发热。电阻传输的功率越大,它发热就越多。对给定的电压,阻值小的电阻通过较大的电流(参见欧姆定律),因此也会有较多的能量以热量的形式损耗(电阻将会发热)。电路中总共损耗的能量为功率对时间的积分,单位为 W·s,或称为 J。这样,在如图 1.1 所示的电路中,功率为 $P=3.3\text{ V}\times 1\text{ A}$,即 3.3 W,每秒 3.3 J(3.3 W×1 s)的能量散发掉了。

1.2.1 电气与电子电路

相互连接以实现特定功能的电子元件的集合通常称之为电路。电路一词的来源是因为电能必须从电源的正极流出,通过一个或多个电子器件并最后返回到电源的负极,从而形成了电路。如果电子器件和电源正极或负极间的连接断开,电路将被破坏,器件将不能工作。

现代电路中有许多不同类型的电子元件和设备,包括电阻、电容、电感、半导体元件(如二极管、三极管、集成电路等)、传感器(包括麦克风、光敏元件和运动传感器等)、执行器(如电动机、电磁线圈)以及各种其他电子器件如发热、发光器件。电路中的元器件通过导体或电线相连。这些导线能输送电流到电路中不同的地方。一条连线一旦连接两个或更多的元件,它和所有这些附加的元件连接器形成一个单独的电路节点或网络。对于给定的网络,其上面的任何电气行为都能够将信息传输到与之相连网络上的所有器件。有些网络给器件提供电力,另外一些网络在器件间传递信息。网络所传递的信息称为信号,且信号在电路中传递编码为电平的信息。信号网络用的导体越小,传输的电流越小。传递能量的网络称为电网(或简称为电源),它在电路中传递电功率。电力网络中的导体通常比信号网络中的大,因为它们要传输较大的电流。

电气电路用电功率实现某些功能,如使元件发热或发光、使电动机运转或产生电磁场。电子电路不同于电气电路。因为在电子电路中,使用的器件可以用其他电信号来控制。也就是说,电子电路由一些用电流去控制电流的器件组成。大多数电子电路使用 5~10 V 的电压;过去几年,电路中的信号都在 3~5 V 之间。某些电子电路可以用连续电平来表示编码的信息,该电平在电源高、低电平之间是连续的——这样的电路被称为模拟电路。例如,语音电平变换器(也就是麦克风)可以将声音的压力按一定比例转换为 0~3 V 的电信号。这样的话,如果声波本身是连续的,那么麦克风输出的电平信号也是连续的。其他电路只使用两种离散的电平来表达信息。通常,这两种电平由相同电压的电源提供。这种电路被称作数字电路,所有信息必须以二进制数码表示,0 V(或地电平)表示一种信息,3.3 V 表示另一种信息(哪怕电源提供的电压更高)。本书只讨论数字电路。

1.2.2 实际电路和模型电路

实际电路由真实的物理元件组成。可以对它们进行检查、测试和改进。它们在通电时消耗功率,可以实现某些功能并做一些有意义的事情;当然,它们也会发生故障,会对人们的健康和财产带来严重威胁。即使是可以快速简单构造出的小型电路也需要时间和金钱去实现,还要花很长时间去完善。

很久以前,工程师们就意识到,在实现即便是最简单的电路之前,表示所有相关施工细节的文档也是不可缺少的。类似于一个建筑的蓝图,电路原理图给出了电路中所有器件以及器件之间连接的信号和电源。在开始搭建实际电路之前,原理图要经过拟定、分析、讨论、重构以及尽可能多的反复论证;而实际的实现工作,需要更多的时间和成本。自从使用计算机后,工程师们很快就意识到,电路原理图可以用计算机程序来描述,而且在电路实际搭建之前可以仿真到任何的精度。的确,电路仿真器是计算机所有应用中最有效、最强大的应用之一。

几乎所有的实际电路,开始都是在计算机上模拟,使用计算机辅助设计(CAD)工具。通过构建基于计算机的电路模型,工程师可以在搭建电路之前快速、简便地研究给定电路的方方面面,从而节省了大量的时间和金钱。但头脑中必须牢记"电路模型不是实际电路",这一点是很重要的!模型只是模型,是"有条件存在"的,工程师用 CAD 工具设计的电路模型只是和设想的一样。现代电路模型使用下面两种定义形式之一:原理图(即电路器件与连接线的图形表示)和硬件描述语言(HDL,即基于本文的器件及连接线描述)。这两种形式在后续的章节中都将给予讨论。

1.3 数字电路

一个基本的数字电路由电源、器件以及导电网络共同构成。一部分网络提供来自"外界"的输入;在原理图中,输入网络部分通常都画在器件或整个电路的左边。还有一部分网络是表示通向外界的输出电路;这些输出电路通常画在原理图的右边。在如图 1.2 所示的原理图示例中,电路器件可以用任意形状来表示,网络用线条表示,输入、输出用连接符号表示。

数字电路需要由电源提供持续、稳定的电能给所有的器件。如上所述,电功率是由带电粒子(如质子和电子)间相互作用产生的电动力驱动的。也就是说,电子之间是相互排斥的,所以哪里的电子越少,所形成的正电场就越能够吸引电子。大量的带电粒子是被束缚在处于电中性状态的原子结构(在原子结构中,有大量电荷数相同的正、负粒子)中。一些导电性材料(如金属)中,电子没有被紧紧地束缚在所属原子中。如果为这些导电材料提供一个电压源,那么电压源负极区域的电子将会很轻松地挣脱束缚后流向电压源的正极。在数字电路中,电源要

第 1 章 电子电路简介

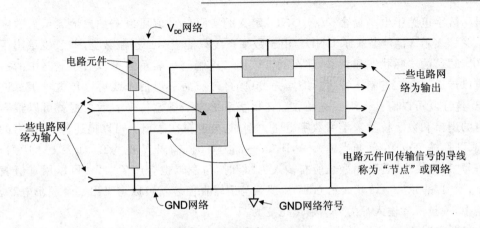

图 1.2 数字电路原理图

提供电压以完成实际的电路功能,如通过导体从一个器件到另一个器件传递信号。数字电路允许从电源负极到电源正极的受控电子流动,但是电流必须要从指定的路径进入电路。当电流流经给定电路中的器件时,能够在多方面改变器件的性能。

在数字电路中,电源电压有两种电平值——"逻辑高电平"(称为 LHV 或是 V_{DD}),和"逻辑低电平"(称为 LLV 或是 GND)。GND(地)节点在任何电路中都是共同的电压参考点,所有的电压都以地节点来衡量(在现代数字电路中,GND 在电路中通常是最小电压)。如图 1.3 所示,在原理图中,一般很难画出连接所有地节点的连线;通用的做法是把所有标有 GND 标号的节点都看作是连接在一起的,而不必画出它们之间的连线。一般在原理图中都会用一个向下的小三角(↓)来代替标号 GND。V_{DD}(电压)节点在数字电路中通常是最高电压;同样,所有标有 V_{DD} 的节点也都被认为是连接在一起的。V_{DD} 在电路中可以被认为是"电源"的正端,而 GND 也可以被认为是"电源"的负端。在现代数字系统中,V_{DD} 和 GND 之间又被分为 1~5 V 不等。年代长的、便宜的电路一般使用 5 V 电压,而新近的电路使用 1~3 V 的电压。

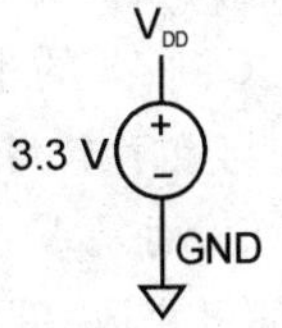

图 1.3 电位示例

在数字电路中,V_{DD} 和 GND 之间的电压不仅给电路器件提供电流,也用来表示信息。

0 和 1

在数字电路中,器件与器件之间传送的输入、输出电压被称为信号。在数字电路中,信号电平必须是两种电平中的一种,要么是 V_{DD},要么是 GND。所以,数字电路中由信号表示的所有数据都是两种状态中的一种。同时,所有的数据运算都会以二值(two-state)数据输入来产生二值数据输出。使用二值数据的系统就是众所周知的二进制系统,那么二值信号就是二进制信号。数字电路中电平集合{V_{DD}, GND}定义的实际信号值可以被抽象地表示为数字符号{1,0}。"1"表示 V_{DD},"0"表示 GND。由于数字系统只能表示二进制数据,并且也给出了数字符号"0"和"1"的实际状态和意义,那么就可以用二进制码来表示数据。数字电路中的一条信号线可以传送一个二进制比特(位,缩写为 bit)的信息;而一组信号线可以传送一组二进制比特信息,这样就可以定义一组二进制数。在数字系统中采用比特来表示数据就可以很容易地用已有的逻辑和数字技术来学习数字电路。例如,与逻辑在逻辑上可以描述为:当所有的输入都为"真"时,输出也为真(如当输入 A,B,C,…都为真时,输出 Y 也为真,如表 1.1 所列)。如果将符号"1"定义为"真",那么当所有输入为"1"时,与逻辑也会产生"1"。可以用真值表来简单表示,用"1"表示 V_{DD},"0"表示 GND。那么与逻辑真值表就可以定义出一个逻辑电路,在这个电路中,一旦所有输入都为"1",输出也变为"1"。

一组独立的数字信号可以看作是一组有逻辑关系的信号,并且可以用来定义多位数据单元。类似这样有逻辑关系的一组信号称为总线。由于总线中的每一个信号都可以传送"1"和"0"信息,那么总线就可以传送二进制数据。例如,一个 4 位总线就可以用来表示 4 位二进制数据,那么总线就可以传输从 0 到 15 的十进制数(从 0000 到 1111)。

表 1.1 与门真值表

A	B	Y
0	0	0
0	1	0
1	0	0
1	1	1

与数字电路相比,模拟电路信号的电平不是离散的两个电平值,而是 V_{DD} 和 GND 之间的连续值。许多输入设备,尤其是那些使用了电子传感器的设备(如麦克风、照相机、温度计、压力传感器、运动与接近探测器等),在它们的输出端会产生模拟电压。在现代电子设备中,通常这些信息在使用前,在器件内部先将模拟信号转换为数字信号。例如,一台数字式录音装置就会使用模拟麦克风电路来将声音信号转换为电压信号。一种特殊的电路称为模拟-数字转换器,即 ADC,它将模拟电压转换为离散的二进制码,从而可以在数字电路中以总线方式表示。ADC 的功能是先将输入的模拟信号采样,检测其输入信号的电压值(通常以 GND 为参考)并量化,并且根据其量化得到的值输出相应的二进制信号。一旦模拟信号转换成二进制信号,总线就可以传递该数字信号了。类似地,使用数字-模拟转换器 DAC,数字信号也可以转换为模拟信号。因此,由二进制数表示的声音样本也可以转换为模拟信号,如驱动喇叭发声等。

模拟信号对噪声是很敏感的,而且会随着时间和距离的增加而衰减,但是数字信号对噪声相对不敏感而且衰减很少。这是因为数字信号分别有两个范围较宽的电压带来表示"0"和"1",任何带宽内的电压都被认为是有效的,如图 1.4 所示。数字信号中有几十至几百毫伏的噪声,但仍能忽略噪声并准确地确定出 0 和 1。如果相同数量的噪声出现在模拟信号中,电路中的信号就会失真。正是因为数字信号有更强的鲁棒性和使用的方便性,世界电子工业正掀起一股"数字化"浪潮。

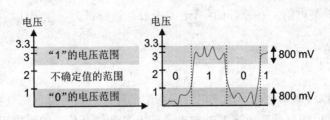

图 1.4 模拟信号与数字信号抗干扰能力比较

1.4 电子元件

1.4.1 电　阻

电阻是对电流呈阻碍、抵抗特性的两端元件。根据欧姆定律,在相同电压下,电阻值越大,流经该电阻上的电流值越小。电流经过电阻时,电阻材料内部的电子会相互挤压、排斥、碰撞,而正是这些碰撞产生了电阻的阻抗特性。电阻内的电子碰撞会导致能量以热和光的形式损耗掉(如电烤炉和电灯泡)。电阻的单位是欧姆,$1\,\Omega$ 的定义是:在 1 V 电压下能够通过 1 A 电流的阻值。电阻符号如图 1.5 所示。

图 1.5　电阻符号

目前各种阻值的电阻都可以买到,从几毫欧到几兆欧。大多数电路中,$1\,\Omega$ 是阻值很小的电阻,$100\,\mathrm{k}\Omega$ 一般来说相对较大。电阻的物理尺寸和形状可以根据具体需要制定。一般来说,消耗大量热能的电阻器都比较大(如电烤炉),消耗少量电流的电阻器相对都较小(如各种功能的 Digilent 开发板)。电阻消耗的功率可以用公式来计算:$P=I^2R$(或者 $P=V\cdot I$) 其中 I 为通过电阻的电流,V 是电阻两端的电压,R 是电阻。一个消耗 5 W 功率的电阻,其尺寸大小和写字的笔差不多;而一个消耗 1/8 W 功率的电阻,其尺寸大概只有一颗米粒大。如果电路板中放置的电阻所消耗的功率超过额定功率时,那么它将熔化。

在 Digilent 开发板中使用了各种不同的电阻。其中,一些用来限制 LED 的电流,还有一些用在主要芯片的输入端以限制电流(如按钮和开关电路)和过冲放电(即 ESD,这在后面将详细讨论)。Digilent 开发板所使用的电阻,同大多数数字系统中使用的电阻一样,物理尺寸小,这是由于这些电阻所承受的电压和电流都较小。对于这些小尺寸电阻,电阻上都印有极小的欧姆值,但肉眼是看不到的。

一些年代久远的或低成本的电路板使用"插针"类元件,现被更小型化(更便宜)的"贴片"元器件所替换。插针型电阻一般 5 mm 长、2 mm 宽,典型的以棕色和蓝色为底色,在电阻上还有色环(这些色环按照一定的编码代表着电阻值)。在电路原理图和元器件列表中,电阻一般都以参考标识"R"开头来标记。读者可以看到在 Digilent 开发板丝印层上有一些方形白框标

第 1 章 电子电路简介

有"R_"的标识,这就是电阻。在原理图中,电阻一般都被标识为一条锯齿线。

1.4.2 电 容

电容是一种可以存储带电粒子形式电能的两端元器件。读者可以把电容看作是一个在一定时间内进行充/放电的容器。电容两端的电压与电容存储电荷的数量成正比,即对一个给定尺寸的电容来说,两端的电压越大,其存储电荷量就越多。由于电容不能瞬间完成充电或放电,所以电容两端的电压也不能瞬时跳跃变化。这一特性就使得电容在 Digilent 开发板以及其他电路设计中得到了广泛的应用。

电容的单位是法拉(F)。1 F 电容可以在 1 V 电压下存储 1 C 电荷。在一些小型设备中(如手持设备和台式设备),1 F 的电容其容量远远超过了应用所需(就如同给一辆小汽车配备一个 1 000 USgal(1 USgal=3.785 4 dm^3) 的大油箱)。经常用到的电容容量一般都在微法(μF)数量级或是皮法(pF)数量级,而毫法级和纳法级一般很少用。大电容一般都会在电容体上明确标有电容值,如 10 μF(10 微法);小电容,如颗粒状的、盘状和晶片状的一般都会采用编码形式来表示它的电容值,并印在电容上面(类似于上面讨论的电阻)。这些小电容一般都采用 3 位数来表示电容值,单位为皮法,前两位是"基本"数值,第 3 位表示 10 的多少次方(例如,印有"104"的电容就表示 10×10^4 pF 或 100 000 pF)。偶尔也会遇到只有 2 位表示的电容,一般这样的情况下,其电容值就是那 2 位十进制数所表示的值,单位为皮法。综上所述,如果一个电容用 3 位数表示,并且第 3 位是 8 或 9,那么最后的值就是头 2 位数乘以 0.01 和 0.1,单位是法拉(译者注:此处原文有错,应乘以 0.001 和 0.01)。通常电容值后面都会有一个字母,这个字母就表明了电容的品质。

Digilent 开发板上使用电容是为了保证无论电路工作状态如何,都能够保持电源和某些信号的稳定,当元器件输入端加电的时候,由于电容存储电荷,延缓了有效时间。Digilent 开发板上的大部分电容是起耦合作用的,用于电源与信号的隔离。旁路电容要放置在离芯片 V$_{DD}$ 引脚很近的地方,为芯片提供需要的瞬时电流。如果没有这些旁路电容,某些芯片需要的大电流,就需要从电源流经整个电路板才能得到,会浪费大量的时间。基本上所有的数字系统电路板上都使用旁路电容。旁路电容的值可以用已知的最小需求电流来计算,但更通常的做法是选取容值在 0.001~0.047 μF 的电容,而不考虑需求电流的实际情况。Digilent 开发板也使用大容量的旁路电容放在电源附近以及电路板周围,使之能够存储更多的额外电荷来为整个电路板提供较大的瞬态电流。这些大容量电容(一般是 10~100 μF),在特殊情况下可以在周围另外放一些小的旁路电容。

根据电容尺寸,印制电路板丝印层上会有不同的圆形或方形来表示电容的焊接位置(通常小电容都是方形的,大电容都是圆形的)。某些电容是带极性的,这就意味着焊接的时候这些电容必须摆放正确的方向(也就是说,有一端始终是焊接在高电压处的)。极性电容连接高电压的引脚附件都会有一条黑色条带,或是一个"—"标志放在连接低电压的引脚附近。极性电容在丝印层上的表示,通常都会有一个"+"号放在高电压端的过孔周围。在电路原理图和元器件列表中,电容通常都会用参考标志"C_"来标记,如图1.6所示。

图1.6 电容符号

1.4.3 输入类元件(按钮和开关)

电路通常都有来自用户(或其他设备)的输入部分。用户输入设备有多种形式,如键盘(PC上的)、按钮(计算器和电话机上的)、旋转拨号盘、开关以及控制杆等。Digilent开发板有一些输入器件,如典型的按钮和开关。由于数字电路工作状态只有两种电平(LHV或V_{DD},LLV或GND),输入器件如按钮和开关就可根据用户的动作分别产生这两种电平。

拨动开关就是"单掷双路开关"(STDP),由于只有一个开关(投掷),但有两个位(极)可用(其中一极连接在电路上),这类开关既可以输出V_{DD}也可以输出GND电平。按钮也是瞬时接触式开关,只有实际按下该类开关的时候,才会有物理接触。当不按开关的时候,输出GND电平;当按下按钮的时候,输出V_{DD}电平。图1.7是Digilent开发板上典型的按钮和拨动开关的电路。

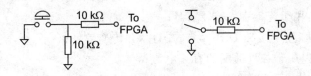

图1.7 按钮与拨动开关应用

1.4.4 输出类器件(LED)

电路通常都需要有输出类器件将电路的状态传达给用户。电子输出类器件主要有计算机显示器、液晶显示面板(LCD)、小灯泡、发光二极管(LED)等。Digilent开发板上有各种不同的输出器件,包括一定数量的发光二极管。其中,七段LED数码管可以显示十进制数0~9(每个七段LED数码管都包含几个独立的发光二极管)。发光二极管是一种二端半导体器件,它只能单向通过电流(从正极到负极)。一个小的发光二极管通常由塑料封装,并以固定的频率发光(红光、黄光等),通常它允许通过的电流为10~25 mA。

发光二极管一般都用"LD_"标识。在Digilent开发板中,七段LED数码管使用"DSP"字样标识。单个发光二极管通常都是由Xilinx公司的芯片驱动,但LED数码管通常都需要一个外部三极管来提供更大的电流。Digilent开发板中典型的发光二极管电路如图1.8所示。

发光二极管在其两端电压低于阈值电压时是不工作的,一般阈值电压为 2 V。如果两端电压小于这个阈值电压,该发光二极管就不会亮。如图 1.8 所示,该发光二极管需要 2 V 电压来驱动它,还有 1.3 V 的电压降在电阻上。因此,为了使发光二极管上通过的电流为 10 mA,就需要串联一个 130 Ω 的电阻(3.3 V－2 V＝1.3 V,1.3 V/130 Ω＝10 mA)。

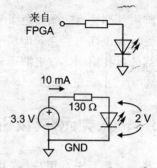

图 1.8　发光二极管电路

1.4.5　连接器件

Digilent 开发板上使用了几个不同用途的连接器(图 1.9)。通常,这些连接器件都是用于外部设备和电路板之间传送信息的。根据习惯,一般都用参考标志"J_"。一般电路中使用的连接器件种类很多,尺寸和形状也各不相同,所以在电路原理图和印制电路板丝印层上都会以一个方框来表示。下面是 Digilent 开发板用到的一些连接器件(但并不是所有的)。

- PS/2 连接器,用于连接鼠标和键盘;
- DB25 连接器,并口,允许并行数据的传递;
- DB9 接口,用于 RS.-232 串口通信;
- DB15 连接器,用于连接 VGA 显示器;
- 各种 DIP 插座,用于接插 DIP 封装的芯片,并传递信号;
- 电源插座,可以用于各种适配的直流电源;
- 音频信号插孔,用于喇叭驱动或麦克风输入;
- 同轴电缆连接器,便于测试、测量设备的连接。

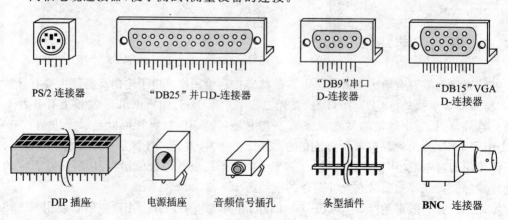

图 1.9　各种连接器

1.4.6 印制电路板(PCB)

电子元器件通常都安装在称之为电路板的表面并使这些元器件之间相互连接。已有的电路板分为两类:一类用于样机或实验电路,另一类用于产品与/或商业销售。用于实验研究的电路板通常是面包板或万用板(protoboard)。面包板可以让工程师快速搭建电路,并对所搭建的电路进行研究与改进,直至完成最优化的设计。在一般的面包板使用过程中,工程师随着设计进度逐步完善元器件和线路的设计,从而能够记录整个设计过程中的新数据和新思路。由于面包板上的电路只在实验室里使用,所以没有过多地考虑可靠性和制造的简单性,设计者关心的只是电路的性能。相应地,用于产品和商业用途的电路板就必须要有高可靠性的导线和连接,所有元器件必须要永久性固定,要方便大量生产并通过测试。此外,原材料也必须可靠性高、成本低且方便制造。带有铜线(从敷铜板蚀刻而来)的玻璃纤维感光板已经成为印制电路板的主要材料,并沿用了几十年。Digilent 开发板用的就是这样的电路板。值得注意的是,很多时候,生产电路板的设计是在大量的面包板实验完成之后。元器件要被永久地焊接在产品电路板上。

如图 1.10 所示,产品电路板起初一般都是一块薄薄的玻璃纤维感光板(约 1 mm 厚),其正、反两面都覆盖有很薄的金属层(一般是铜层)。一块"标准"电路板要消耗 1 oz(1 oz=28.349 5 g)的铜材料,这就意味着 1 oz 的铜均匀覆盖在 1 ft^2(1 ft^2 = 0.092 903 m^2)的电路板上。在电路板制作过程中,用抗腐蚀性化合物将线路"印制"在敷铜层表面(因此得名印制电路板——Printed Circuit Board,PCB)。然后经过化学腐蚀过程去掉暴露的铜面。余下的部分,在抗腐蚀化合物的保护下没被腐蚀的铜就形成了实际的电路,用来连接电路板上的元器件,还有小的焊盘,用来焊接元器件。

PCB 板中通常会使用过孔技术,过孔就是打通了的焊盘,用来焊接和固定器件引脚。PCB 板中也会使用贴片技术,器件引脚直接焊接在表面的焊盘上。这些焊盘和过孔组成

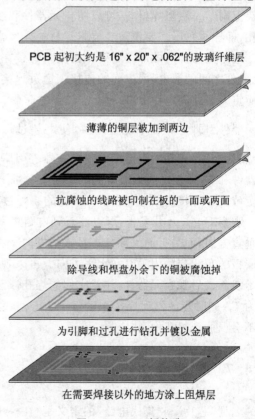

图 1.10 PCB 板构造

的封装就可以表示实际的器件了。为了确定具体元器件焊接的位置,要在元器件焊盘旁边、丝印层上印制出该器件的参考标志。元器件表为元器件的引脚分配标号。装配工和测试员就可以根据这些标号在PCB板上做具体的工作了。为了方便起见,元器件引脚都必须从标号1开始,并且在PCB板上一般以一个正方形焊盘或丝印指示标出1号引脚。

除了非常简单的PCB板外,绝大多数PCB都会使用两层或多层布线来满足元器件的相互连接。其中,每个含有印制铜线的面称为一层。比较简单的PCB板中,使用两层板,即电路板正、反两面都可以走线。更为复杂的PCB中,一般使用多层板。每层电路板都单独制作,然后将这些单层板压制在一起,组成一块多层板。在两层或多层板上走线,就需要打过孔,过孔就是在电路板上打穿一个小孔,用来连接处于不同层面的铜线。这些过孔内表面都镀有金属,所以电流可以通过这些过孔流经不同的层面。很多Digilent开发板都是四层或六层板;一些更复杂的计算机主板甚至超过20层。

一块刚制作出来的PCB板一般是绿色的,这是由于电路板两面都使用了绿色塑料薄层的缘故(有的PCB板是浅黄色的),这些塑料也称为阻焊材料,在除了焊盘和焊孔之外,所有的金属层上刷了一层阻焊材料,可以防止元器件和线路的意外短路。所有的金属表面,除了焊盘和焊孔(即导线)外,都要覆盖一层阻焊材料。经常使用的还有蓝色和红色的阻焊材料。

电路元器件的外部金属引脚是用来焊接在PCB板上的,从而满足物理(固定器件)和电气(元器件之间的通电)两方面的连接。通过焊接处理,能够产生非常好的机械连接和电气连接,从而将元器件固定在PCB板上。焊接的时候,将元器件的引脚插入PCB板的焊孔中,然后加热元器件引脚与焊孔中的金属层,使之超过焊料的熔点 $\left[500\sim700\ °F\left(1\ °F=\dfrac{5}{9}\ K\right)\right]$。焊料(金属化合物)在其熔点温度熔化并在器件引脚和焊盘周围形成焊点。焊料快速冷却,从而在元器件和PCB板之间形成牢固的结合。通常根据元器件的标号,将元器件放置在PCB板的指定位置并焊接它们,这就是PCB板的装配过程。

观察Digilent开发板,可以注意到电路板两面都有印制铜线。其中,一面的走线大部分都是垂直方向,而另一面大部分都是水平方向。在多层板中,目前通用的走线方式是正交式,即每层板的布线交替为垂直和水平方向。再来观察过孔,我们可以发现过孔用来连接不同层面的走线。最后观察元器件,注意它们的焊孔以及它们的标号,可以发现每个元器件都有焊盘标记为1。同时也能发现焊孔一般都比过孔大,这样设计是为了使元器件引脚只能插到焊孔中,而不会误插到过孔中。

1.4.7 集成电路(芯片)

名词"芯片"和"集成电路"的定义是:在一小块半导体硅片上集成大量且极小的三极管电路。目前,芯片已经可以完成各种各样的功能,从最简单和最基本的开关电路到十分复杂的信号处理电路。某些芯片只有少量的三极管,而有些芯片却含有几百万个三极管。一些目前销售时间最长的芯片实现了最基本的功能,这些标有"74XXX"的小规模集成器件,是由少量逻辑单元构成的集成电路。比如一块 7 400 芯片只有 4 个独立的与非门,与非门的每个输入、输出在其芯片外都有一个引脚。

如图 1.11 所示,芯片面积都远小于其封装面积。在制造过程中,由于芯片本身尺寸较小且易碎,通常都要将其粘合(使用环氧化物)在封装的下半部分,并且用金属连接线将芯片引脚和封装引脚连接起来,封装的上半部分是永久性封闭的。小型芯片可能只有几个引脚,而大型芯片有时超过 500 个引脚。由于芯片本身只有几厘米大小,这样就需要非常精确的设备来将芯片粘合在其封装内。

小型芯片可能使用 DIP 封装(DIP 是双列直插封装 Dual In-line Package 的首字母),如图 1.11(a)所示。一般都是 1"×1/4"的标准尺寸,DIP 封装绝大多数使用黑色塑料制作,一般有 8~48 个引脚,平均分布在其两侧。DIP 封装器件只能使用过孔类的焊接方法。大型芯片有多种封装形式,其中一种比较通用的就是 PLCC(大型塑封芯片),如图 1.11(b)所示。这类大型的封装芯片引脚数基本上都在数百以上。这类芯片不能使用引脚类的过孔封装形式。因此,一般大型芯片都使用贴片封装,这类封装的引脚更小,也更密集。

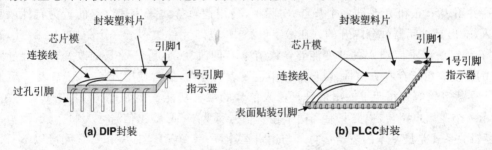

图 1.11 IC 封装

在原理图和电路板上,芯片一般都用参考标志"U __"或"IC __"来标记。这类芯片可以插在插座上,从而可以方便地拔除和替换。值得注意的是,即使芯片被封装在塑料中,它也是非常脆弱的,有很多因素可导致其损坏,包括静电、放电或 ESD,切记一定不能用手去触摸器件的引脚,因为触摸的后果往往造成器件的永久性损坏。

1.5 逻辑电路

正如前面所提到的,数字电路是将电信号表示的编码信息进行再现和处理,并工作在两种电平状态下——逻辑高电平(V_{DD})和逻辑低电平(GND)。数字电路需要电源产生这两种电平,并用这些电压对信息进行二进制编码。因此,如果电路中节点的电平为 V_{DD},那么该节点

第 1 章 电子电路简介

信号就表示为 1；如果节点电平为 GND，那么该节点信号就表示为 0。电路中的元器件其实就是简单的开关，允许从一个节点到另一个节点通过逻辑 1 和逻辑 0 的信号。更进一步说，这些开关可以根据一定的逻辑关系将一定的输入信号转换为所需的输出信号。例如，众所周知的与门，是根据两个输入信号来产生一个跟输入信号为与逻辑关系的输出信号（如果两个输入都为"1"，那么输出也为"1"）。

与、或、非这 3 个基本逻辑关系可以用来表示二进制数之间的所有逻辑关系。这些简单的逻辑功能构成了所有数字电子设备的基础——从简单的微波炉控制器到台式计算机。现在可以写一组形式如"F = A and B"的逻辑关系式来表示所有数字系统这三个量之间的特殊逻辑关系。那么，读者仔细琢磨一下后面的结论：任何数字系统，即使是复杂的计算机系统，都可由实现这三种简单逻辑功能的器件构成。

作为工程师，需弄清两个主要问题：如何用这些简单的逻辑关系表达已知的逻辑需求和描述问题，怎样制造出能够表达这些逻辑关系的物理电子器件（或电路）。

逻辑等式为实际逻辑电路提供了抽象模型。通过逻辑等式可以清楚地知道输出逻辑信号如何响应一个或多个输入信号。等号"="通常作为赋值符，用于表明信号经过逻辑电路后的一种状态。例如，简单的逻辑等式"F=A"就表明输出信号 F 随时都被赋予信号 A 的电平值，但是这并不表示 F 和 A 是同一个节点，实际上，使用逻辑等式来表述电路的行为特性就意味着输入、输出是被元器件分隔开的。在数字电路中，电路元件类似于一个单向门。因此，逻辑等式"F=A"就表示信号 A 的改变能够导致信号 F 的改变，但是信号 F 的改变却不会导致信号 A 的改变。由于存在方向性，赋值操作中也要表明方向，通常使用"F<=A"来表示。

大多数逻辑等式指明了输出信号是输入信号的某种功能。例如，逻辑等式"F<=A and B"表示一个逻辑电路，该电路只有当两个输入信号都为"1"时输出信号才为"1"。下面写出的 6 个逻辑关系式是最基本的逻辑运算。与逻辑运算，F = A·B，在 A 和 B 之间可以不写运算符（但是更多的时候为了清晰地表达变量之间的关系，会用一个点号"·"）。或运算，运算符为加号；非运算或取反运算，运算符为在需要取反的变量上面加一横杠或在变量右上角加一撇（几种逻辑运算分别用两种方法表示）。

F=AB　　F=A+B　　F=A XOR B　　F=$\overline{A}$　　F=$\overline{A \cdot B}$　　F=$\overline{A+B}$

F=A·B　　　　　　　　F=A⊕B　　　　　F=A′　　F=(A·B)′　F=(A+B)′

读者可以使用这些基本的逻辑运算来表示更复杂的逻辑关系。例如，如果输入信号 A 和 B 都为"1"，或是输入信号 C 为"0"，或在 A 为"0"的时候 C 同时为"1"，那么输出就为"1"。这样的逻辑关系就可以用逻辑关系式 F = AB+C′+A′C 来表示。

真值表由于其简单、直观、易于理解，已经成为获取逻辑关系的一个主要工具。所有可能的输入信号都显示在真值表的第一行上，输出写在最右边。一个有 N 个输入的真值表就需要有 2^N 行来列出所有的输入组合。例如，真值表中有两个输入信号 A 和 B，这样就需要有 2^2 即 4 行来列出所有的输入状态："0 0"、"0 1"、"1 0"和"1 1"。对与运算来说，只有当两个输入信号都为真时，输出为真，所以与运算的真值表中最后一列的输出，只有最后一行的值为"1"。对 F = A′ and B 运算来说，真值表输出的第二行为"1"。

从工程角度来说，工程师的目标就是根据设定的逻辑关系，设计出能实现这些指定行为的电子电路。例如，要设计一个当传感器 A 输出为逻辑 1，且传感器 B 输出也为逻辑 1 时，报警灯就亮的电路。该例的报警灯也许用在汽车的仪表盘上，传感器 A 是温度计，它在引擎温度高于 90 ℃时输出 1，传感器 B 在冷却水位太低的情况下输出 1。如果冷却水位太低且引擎温度又过高时，电路这时应该使其输出"有效"，从而完成某些功能（如点亮报警灯）。我们可以采用该例中相同的输入名称，将与运算表述为"当且仅当输入 A 和 B 都有效时，输出 F 有效"。

某些逻辑电路的输入信号一直为"0"，只有当电路或输入元器件动作的时候才变为"1"（如 Basys 板上的开关）。也有些输入信号一直为"1"，只有当输入元器件或电路动作的时候才变为"0"。在这些情况下，可以使用名词"有效"来表示输入信号以 LLV 或 LHV 响应动作。根据这个定义，LHV 上的信号，高电平时有效；LLV 上的信号，低电平时有效。一个高有效信号如果其状态为 LLV，该信号就处于无效状态；一个低有效信号如果其状态为 LHV，该信号就处于无效状态。输出信号也使用相同的方式定义。如果逻辑电路在输入信号有效时产生 LHV 输出信号，就称该输出信号为高有效；如果该逻辑电路产生了 LLV 输出信号，就称该输出信号为低有效。

如图 1.12 所示，该电路可以实现"F<＝A AND B"功能。当开关都闭合时，输出直接与 GND 相连，所以 F 为 LLV。但是当其中任何一个开关打开时，F 到 GND 就没有通路，而且被上拉电阻拉到高电位（为 LHV 或 V_{DD}，或逻辑"1"）。该操作可以简单描述如下：

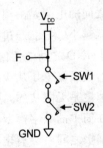

图 1.12 串联电路

- 如果两个开关都打开时，F = V_{DD}（或 LHV）；
- 如果一个开关打开，而另一个开关闭合，F = V_{DD}（或 LHV）；
- 如果两个开关都闭合，F=GND(或 LLV)。

假定在开关输入端加电平 V_{DD}（或是逻辑"1"）时，开关闭合；在开关输入端加电平 GND（或是逻辑 0）时，开关打开。那么就可以用真值表清晰地刻画出各种情况下电路的行为特性。

如图 1.12 所示的电路，既可为与逻辑，也可为或逻辑：当 SW1 和 SW2 都闭合时，F 为 LLV；当 SW1 或 SW2 打开时，F 为 LHV。所有的逻辑电路都包含这种二元特性，这说明设定的逻辑电路都可以根据输入、输出的表达方式用与逻辑或者是或逻辑表示，关键是如何对输入、输出进行解释。

第二个电路（图 1.13）同样可以表示 F＜＝A·B 或 F＜＝A+B 的逻辑功能。这个电路用的是并联开关而不是串联开关。这里可以假设 V_{DD} 使开关闭合，0 V 使开关打开。类似于图 1.12 中的电路，这个电路能够证明它既可以表示与逻辑关系，也可以表示或逻辑关系，关键在于如何对输入、输出进行解释。当SW1和SW2打开时,F为LLV(或是GND);当SW1或SW2闭合时,F为LHV。

观察上面所说的两种电路,实际物理电路也是以相同的方式工作的,但更多的是用异或和同或来描述其行为特性。从后面的分析可以看出,使用异或和同或能够更方便地表达电路中的逻辑。

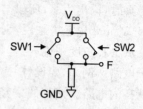

图1.13 并联电路

即使只使用电阻和开关,也可以设计出复杂的逻辑关系,如 F=(A and B) or C。

1.5.1 三极管开关

数字电子电路是使用所谓的三极管开关构成的,而不是使用上面所讨论的机械式开关和电阻构成,但基本概念是一样的——开关(三极管)可以根据输入信号来打开和闭合,输出LLV电平或LHV电平。现代电子电路中使用的大多数三极管是"金属氧化物半导体场效应管",即 MOSFET(简称为FET)。FET是三端器件,其中两端可以接通电流(源极和漏极),第三端(栅极)由一个适当的信号来驱动。在最简单的FET模型中(正好适用于本章内容),源-漏极之间的电阻是由栅-源极之间的电压决定的,栅-源极之间的电压越高,源-漏极之间的阻抗就越小(因此,通过的电流也就越大)。在模拟电路中(如音频放大器),栅-源电压可以是 V_{DD} 到GND之间的任何电压;但是在数字电路中,栅-源电压必须是离散的 V_{DD} 或GND电平(当然,当栅极电压从 V_{DD} 到GND或从GND到 V_{DD} 转变的时候,读者一定要假定电平之间转换的速度是无限快的,这样就可以忽略栅极电压开关转换的时间)。

在简单的数字模型中,FET可以被认为是电子控制的开关电路。当栅极信号有效时,源极和漏极之间就会有电流通过(这就是FET上电-导通)。有一种FET称为nFET,这种FET在栅极电压为 V_{DD} 时,FET导通。还有一种FET称为pFET,这种FET是在栅极电压为GND的时候导通的。因此,对nFET来说,它的有效输入电平为 V_{DD};而对pFET来说,它的有效输入电平为GND。图1.14中给出了nFET和pFET的电路符号与等效的开关图。

FET常用在分立的电子控制开关装置中。例如,一个nFET可用于启动和停止,如果将电源连接在源极,负载(如电动机、灯或其他电气设备)连接在漏极,栅极加上控制信号。栅极电压为GND时,电路开路;栅极电压为 V_{DD} 时,电路闭合导通。通常情况下,很小的栅极电压(甚至是极小)就可以控制FET对高电压和大电流起开、关的作用。一般用于高电压、大电流的FET尺寸都相当大(肉眼可见)。

FET也可用来构造电子电路中的与门、或门、非门等。当FET用作逻辑门时,通常都会在一小块硅片上构建一定数量且体积极小的FET,并且用等规格的金属线相连。这些肉眼看不见的FET,一般尺寸都小于 1×10^{-7} m^2。由于硅片的大小一般都是毫米级的,所以一块小

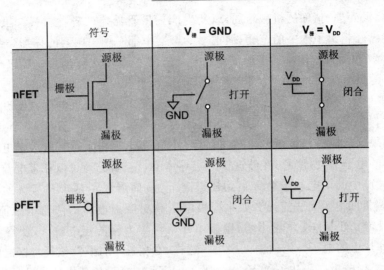

图 1.14 nFET 和 pFET 电路符号与等效开关图

小的硅片就可以集成数百万个 FET 门。正是因为一小块硅片中集成了所有的电路元器件，所以以这种方式构造的电路，一般统称为"集成电路"（或简称为 IC）。

绝大多数 FET 用半导体硅制成（图 1.15）。制造过程中，向 FET 源极和漏极的区域灌入大量的导电离子，使这块区域具有更好的导电性，而这样的区域称为扩散区。此外，在扩散区之间生成薄的绝缘层，并且在绝缘层表面生长出另一种导体。

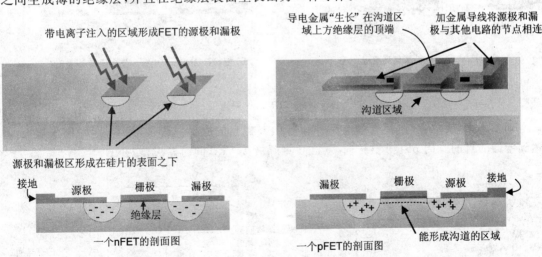

图 1.15 FET 结构图

这个生长出的导体（一般是硅）形成栅极。而在栅极之下连接扩散区之间的区域称为沟道。最后用导线连接 FET 源极、漏极、栅极，这样 FET 就能够被集成更大的电路。有几个加工步骤,包括高温处理、精确的机械布局,以及生产三极管需要的各种材料。虽然这些具体步骤的详细描述已经超出了本书的范畴,但很多参考书中都有相关内容的详细介绍。

FET 基本工作原理很简单。下面简单讨论 nFET 的基本工作原理;pFET 工作原理与此类似,但是栅-源极电压要相反。也可以参考其他资料来获得更多的细节。

如图 1.16 所示,nFET 的源极和漏极两个扩散区注入大量的负电荷粒子。当逻辑电路中使用 nFET 时,将 nFET 的源极引脚接 GND,作为 nFET 的源极。在 GND 节点上,充满了大量的电子。如果栅极电压与源极电压相同都为 GND,那么栅极上存在的大量电子就会阻碍沟道区域内所有的电子流动(注意,在硅这样的半导体中,正、负电荷可以在带电粒子形成的电场影响下移动)。硅中的正电粒子会聚集到栅极附近,从而形成了两个背靠背的 PN 结。这些 PN 结使源-漏极间电流无法流通。如果栅极电压高出源极电压的阈值电压值(阈值电压简写为 Vth,一般为 0.5 V),受电场影响,栅极中开始聚集大量的正电粒子,使得沟道内的正电粒子被排斥,硅片上的电子开始向栅极聚集。这样,在栅极下,源-漏极耗尽区之间形成了连续导通的沟道区。当栅极电压达到了 V_{DD} 时,那么 nFET 中会形成较大的导电通道,电路工作在最佳状态。

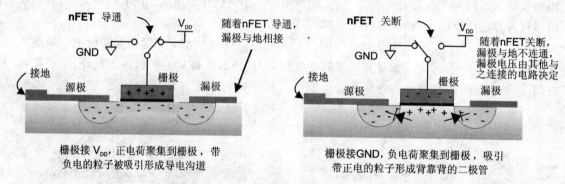

图 1.16 FET 工作原理图

如图 1.17 所示,在逻辑电路中使用 nFET,要将它的源极引脚接 GND,同时栅极接 V_{DD},达到导通的目的。而 pFET 要导通,就需要将源极接 V_{DD},同时栅极接 GND。

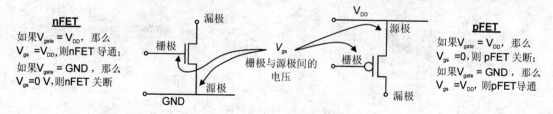

图 1.17 FET 连接方式与工作状态

一个 nFET 如果源极接 V_{DD}，其导通状态不会很好，所以 nFET 的源极很少接 V_{DD}。同样，pFET 源极接 GND，其导通状态也不好，所以 pFET 的源极也很少接 GND。其原因将在后续的章节中提到。

1.5.2 FET 构成的逻辑电路

在理解 FET 的工作原理后，读者就可以构造出基本逻辑电路，这些基本逻辑电路成为所有数字和计算机电路的核心。这些基本逻辑电路通常根据功能需求，由一个或多个输入来产生一个输出。下面的讨论只限于最基本的逻辑功能（如与、或、非），但实际上 FET 可以用来组成各种复杂的逻辑电路。

使用 FET 电路来实现逻辑功能时，一定要遵守下面四个基本准则：

- pFET 的源极必须连接 V_{DD}，nFET 的源极必须连接 GND；
- 电路输出始终要通过 pFET 接 V_{DD}，或是通过 nFET 接 GND（即电路输出不能悬空）；
- 逻辑电路的输出不能同时既连接到 V_{DD} 又连接到 GND 上（即电路输出不能使电源与地之间短路）；
- 电路必须尽量少用 FET。

根据这些规则，就可以设计出两输入信号的与门电路。首先看如图 1.18 所示的电路，当两个输入信号 A 和 B 都为 V_{DD} 时，输出(Y)连接到了 GND，nFET 管 Q1 和 Q2 以串联形式连接。一般情况下，FET 串联可以构成与门。再看图 1.18 中的第二幅图，当 A 或 B 任一接 V_{DD} 时，输出(Y)都会连接到 GND，nFET 管 Q3 和 Q4 以并联形式连接。一般情况下，一组并联的 FET 可以构成或门。

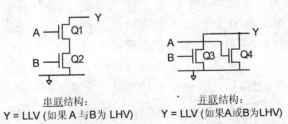

串联结构：　　　　　　并联结构：
Y = LLV (如果 A 与 B 为 LHV)　　Y = LLV (如果 A 或 B 为 LHV)

图 1.18　FET 串联与并联连接

要牢记 FET 逻辑电路中的规则，与门结构是由图 1.19 所示的 Q1、Q2 构成的。只使用两个 FET，当 A 和 B 都接 V_{DD} 时，Y 输出 GND 电平；但同时必须保证当 A 和 B 有任一个不接 V_{DD} 时，Y 输出 V_{DD} 电平。换句话说，只要 A 或 B 接 GND，那么输出端 Y 输出的电平就为 V_{DD}。这一概念也可以应用到所有 pFET 的或门结构上(图 1.19 中的 Q3，Q4)。图 1.19 中第 3 个电路是与门和或门组合的逻辑电路，旁边的真值表给出了各种输入组合下的输入与输出电平。这些电路都严格遵守了前面所说的规则——pFET 只能连接到 V_{DD}，nFET 只能连接到 GND，输出要么是 V_{DD}，要么是 GND，不可能同时为 V_{DD} 和 GND，而且电路使用了最少的 FET，如图 1.20 所示。

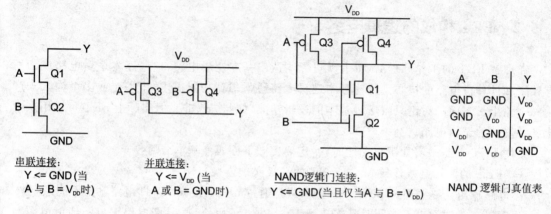

图 1.19　与非门电路与真值表

这个"与"起来的电路有一个有趣的特性是，当输入 A 和 B 都为"V_{DD}"时，产生的输出为"GND"。为了能够使这样的电路满足与逻辑真值表，必须设定输入信号在 V_{DD} 电平时为逻辑 1（输入信号在 GND 电平时为逻辑 0）；同时设定输出信号在 GND 电平时为逻辑 1。不过这样的定义在逻辑上会有潜在的矛盾—— 1 代表输入信号的 V_{DD} 电平，而 1 又代表输出信号的 GND 电平，1 代表的电平值前后相矛盾。注意，如果对真值表中的 Y 列输出值取反（V_{DD} 变为 GND，GND 变为 V_{DD}），那么 1 就既可以代表输入信号的 V_{DD} 电平，也可以代表输出信号的 V_{DD} 电平，这样就成为与门的真值表了。因此，

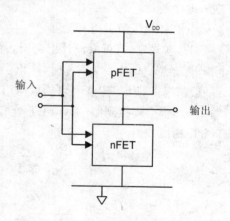

图 1.20　pFET 与 nFET 的连接

图 1.19 中的电路就称为与非门（非就是取反），简称为 NAND 门。为了用 NAND 门构造一个与逻辑门，使之逻辑 1 既可以代表输入信号 V_{DD}，也可以代表输出信号 V_{DD}，那么就必须在 NAND 门后加一反相器（正如其名，反相器就是对输入为 GND，产生输出 V_{DD}；反之亦然）。

图 1.21 给出了 5 个基本逻辑电路：NAND，NOR（或非），AND，OR 以及 INV（反相器）。读者可以自行验证真值表是否正确地描述了电路的逻辑功能。这些基本的逻辑电路就构成了逻辑门电路。

在图 1.21 中，每个逻辑门都是用最少的 FET 来实现所要求的逻辑功能。每个电路的下

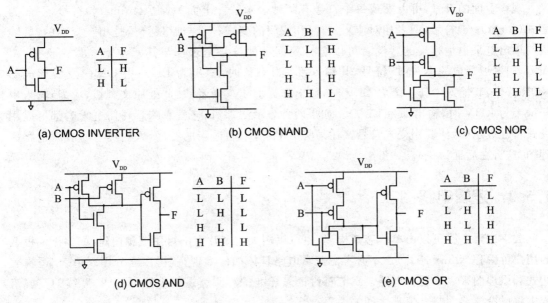

图1.21 基本逻辑电路与真值表

部是 nFET，上部是 pFET，实现互补运算功能。这意味着，如果有 nFET 作为或逻辑关系，那么一定也有 pFET 作为与逻辑关系。FET 这种互补特性称为互补型金属-氧化物半导体，简称为 CMOS 电路。到目前为止，CMOS 电路占绝对主导地位，被广泛应用于数字和计算机电路中（顺便提一下，金属氧化物半导体意指采用的传统工艺，栅极的材料是由金属和栅极下的氧化硅绝缘体组成），正是这些基本的逻辑电路形成了各种数字和计算机电路的基础。

在原理图中画这些基本逻辑电路时，用如图1.22所示通用符号胜于画 FET 电路图（这样轻松简单，画 FET 电路太乏味）。输入侧为直边，输出侧为平缓曲线的符号是与门；而输入侧是曲边，输出侧还有尖角的是或门。在输入端有一小圆圈的表示输入信号必须是 LLV 时才能产生要求的逻辑功能输出，没有小圆圈的表示输入信号必须是 LHV 时才能产生要求的逻辑功能。如果在输出端有一个小圆圈，表示产生的 LLV 输出信号作为逻辑功能的结果，没有小圆圈的就表示产生的 LHV 输出信号才是有效的逻辑功能。

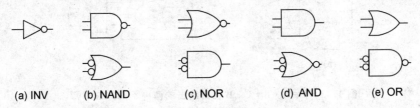

图1.22 基本逻辑门符号

观察上面的符号,可以发现每个符号有两种表示法。上面为原型(primary)符号,下面为变式(conjugate)符号(两者相对应)。与门和或门的变式符号与原型符号是相互交换的,其输入与输出电平也是相反的。读者可以自行验证每种符号是否都与其 CMOS 电路。例如,由 AND 门发展形成的 NAND 符号,其输入都为 LHV 时,输出为 LLV;由 OR 门发展形成的 NOR 符号,其输入中任一个为 LLV 时,输出都为 LHV(译者注:此处原文有错,应为,输入中任一个为 LHV 时,输出都为 LLV)。如果两种表示法都对,这就意味着任何逻辑门都可以用变式符号表示(为何要用变式符号?在某些情况下,采用适当的符号,人们更容易看懂电路原理图,这将在后面讨论)。

1.5.3 逻辑电路图

数字逻辑电路可以由单个芯片构建,也可以用大型芯片上的可用资源构建(如 Basys 板上的用户可编程 Xilinx 芯片)。不必考虑逻辑电路具体如何实现,就可以充分用真值表、逻辑表达式和原理图来表示逻辑电路。本节将讨论怎样准备和阅读逻辑电路原理图,后续的实验工程中将讨论电路图与真值表之间的关系。

在电路原理图中,任何逻辑表达式都可以用逻辑门的符号代替其逻辑运算符号,并且用信号输入线连接在逻辑门上。也许唯一需要考虑的只是使用哪种逻辑运算(即使用哪种逻辑门)来驱动输出信号,以及哪种逻辑运算来驱动内部的电路节点。在逻辑表达式中,如果定义了运算的优先级,并使用圆括号表示优先级,那么就可以避免逻辑混乱。例如,逻辑表达式 F<=AB+CB 就可以用或门驱动输出信号 F,同时使用两个与门的输出作为或门的输入。或者使用三输入与门来驱动 F,其中与门的输入为 A、B 以及 B 和 C 或运算的输出(译者注:这里原文有问题,应为"或者使用二输入与门来驱动 F,其中与门的输入为 B 以及 A 和 C 或运算的输出",图 1.23(b)也要作相应的改动)。如果没有使用括号,与非门/与门有最高优先级,其次为异或门,再次为或非/或门,最后是反相器(非门)。一般来说,从逻辑表达式勾画出电路最容易,只是先画输出门。

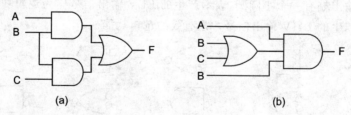

图 1.23 F=A·B+C·B 可由给出的两种不同方法解释

逻辑表达式中使用非运算表示输入信号必须先反相,然后再驱动逻辑门的输入端。例如,F<=A'B+C 的原理图中,就要在 2-输入与门的 A 端先有非门。表达式有时也会有逻辑功

能需要取反,这种情况下,需要用到反相器,如图1.22中的反相输出(也就是电路符号输出端有一个小圆圈)。图1.24给出了这样的示例。

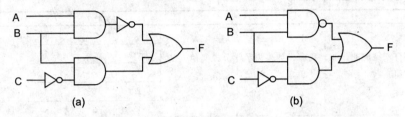

图1.24 $F=(A \cdot B)'+C' \cdot B$ 可由给出的两种不同的方法实现

从原理图可直接获得逻辑表达式。驱动输出信号的逻辑门定义了"主要"的逻辑运算,可以用来决定在等式中是否需要其他逻辑门。非门,就是逻辑门上那个小圆圈,意味着逻辑输出信号必须先被反相才能输出到下一级逻辑门中(如图1.25的示例所示)。逻辑门输入端的小圆圈可以认为是信号反相后才进入逻辑门输入端。

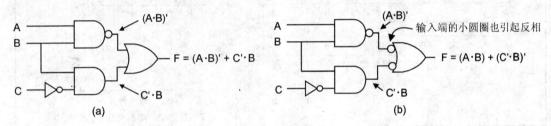

图1.25 非门的应用

两个"紧挨"的反相操作会相互抵消其反相作用。这意味着,如果一个信号被反相,紧接着又被反相一次,那么电路将会把两次反相简化并消除。这样,就可以简化电路并使之效率更高。例如,如图1.26所示的两个电路都表示同样的逻辑功能。图1.26(b)是简化后的电路,消除了信号C的两次反相,并在内部节点增加一次反相,使电路更有效率,也可使NAND门(4个三极管)代替AND/OR门(6个三极管)。

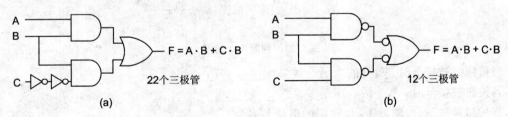

图1.26 逻辑电路的优化

第1章 电子电路简介

练习1 数字电路和 Basys 板

学生			等级			
我提交的是我自己完成的作业。我懂得如果为了学分提交他人的作业要受到处罚。			序号	分数	得分	
			1	8		
			2	6		
姓名 _____		学号 _____	3	5		总分
			4	14		
			5	4		
签名 _____		日期 _____	6	14		
			7	8		
预计耗用时数			8	15		第几周上交
1 2 3 4 5 6 7 8 9 10			9	9		
1 2 3 4 5 6 7 8 9 10			10	12		
实际耗用时数						最终得分
			最终得分：每迟交一周扣除总分的 20%			

问题 1.1 图 1.27 是从一个简单的数字系统中选出的一些电路元器件。
欧姆定律：$V=IR$；功率$=VI$ 或 I^2R

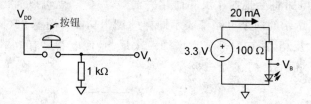

图 1.27 问题 1.1 的图

当按钮没被按下时，V_A 处的电压是多少？_____
当按钮被按下时，V_A 处的电压是多少？_____
当按钮被按下时，流过 1 kΩ 电阻的电流是多少？_____
如图 1.27 所示，V_B 需要多大的电压才能使 LED 中有 20 mA 的电流？_____

问题 1.2 在 3.3 V 的电路系统中，一个 LED 需要 20 mA 的电流以表示输出为"1"。LED 需要 1.3 V 的电压降才能点亮，需要多大的限流电阻？绘制出电路图。

问题 1.3 在问题 1.2 中,电阻上消耗了多少功率?

问题 1.4 完成图 1.28 所列各真值表的填写。

A	B	F

AND

(a)

A	B	F

OR

(b)

A	B	F

XOR

(c)

A	F

INV

(d)

A	B	C	F
0	0	0	
0	0	1	
0	1	0	
0	1	1	
1	0	0	
1	0	1	
1	1	0	
1	1	1	

F=A' B + C

(e)

A	B	C	F
0	0	0	
0	0	1	
0	1	0	
0	1	1	
1	0	0	
1	0	1	
1	1	0	
1	1	1	

F=ABC' + BC

(f)

A	B	C	F
0	0	0	
0	0	1	
0	1	0	
0	1	1	
1	0	0	
1	0	1	
1	1	0	
1	1	1	

F=BC' + B'C

(g)

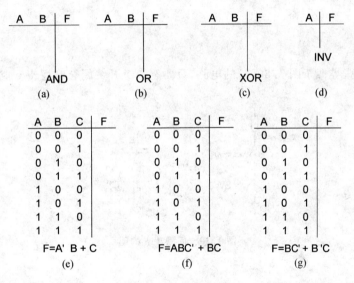

图 1.28 问题 1.4 的图

问题 1.5 完成第 1 章中电路图 1.12 和图 1.13 所示电路的真值表(图 1.29),分别用 1 和 0 表示电源和地。

SW1	SW2	F

图 1.12 真值表

SW1	SW2	F

图 1.13 真值表

图 1.29 问题 1.5 的图

第1章 电子电路简介

问题 1.6 完成下列内容。

(1) 绘制一张类似于图 1.30(a) 的电路,只有在两个开关都闭合时逻辑 1 成立。

如何说明你绘制的图是与逻辑关系?

如何说明你绘制的图是或逻辑关系?

(2) 绘制一张类似于图 1.30(b) 的电路,只要有一个开关闭合时逻辑 0 成立。

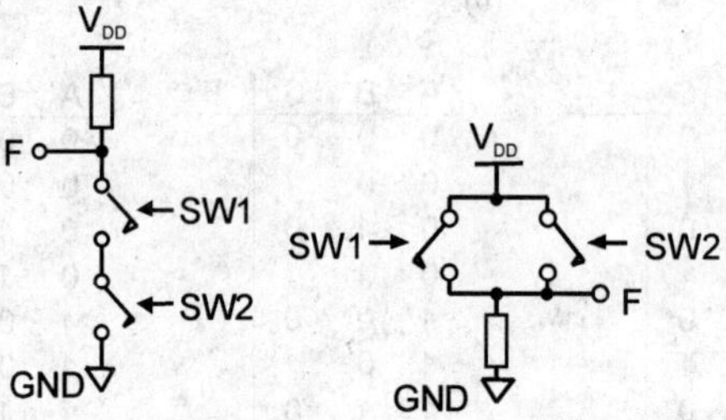

图 1.30 问题 1.6 的图

如何说明你绘制的图是与逻辑关系?

如何说明你绘制的图是或逻辑关系?

第1章 电子电路简介

问题 1.7 绘制一个只有开关和电阻的电路。当输入信号 A 和 B 都为"0"或者输入信号 C 是"1"而不论 A、B 是什么状态(假设开关闭合为"1",开关打开为"0")都可以驱动输出 F 到 LHV。然后重新解释问题 1.5 中的电路图。

问题 1.8 完成图 1.31 所示的真值表(并注明各三极管的状态是"on"或"off"),并填写门的名称和真值表所表示的逻辑门的符号。

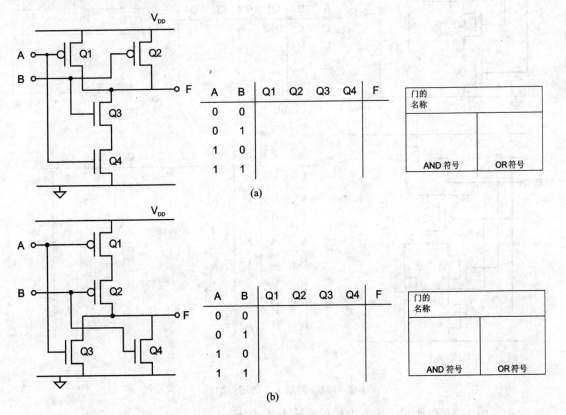

图 1.31 问题 1.8 的图

第1章 电子电路简介

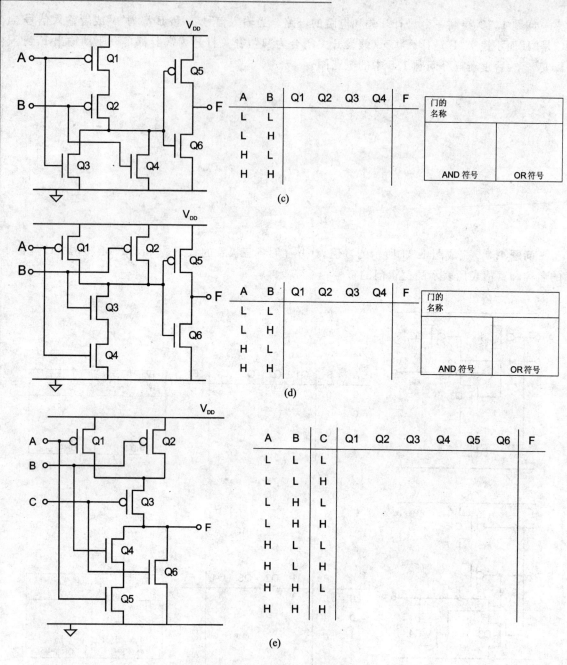

图 1.31 问题 1.8 的图(续)

写出如图 1.31(e)所示三输入电路的逻辑表达式:F=

问题 1.9 完成下列内容：
(1) pFET 用 LLV[导通/关断]以及与[LHV/LLV]导通。将括号中正确的答案圈出来。
(2) nFET 用 LLV[导通/关断]以及与[LHV/LLV]导通。将括号中正确的答案圈出来。
(3) 写出下列各个门所使用的三极管的数量。
NAND:_____   OR:_____   INV:_____   AND:_____   NOR:_____

问题 1.10 一个有 n 个输入的逻辑函数中，总共有 2^n 种不同的输入组合和 2^{2^n} 种逻辑功能。表 1.2 中有 4 行，是二输入（$2^2=4$）的 4 种组合，16 列输出表示这两个输入的所有逻辑功能（$2^{2^2}=16$）。其中，6 列输出是二输入变量的普通逻辑函数。将这 6 列圈出来，并标上合适的逻辑门的名称且画出相应的电路符号。

表 1.2 问题 1.10 的表

输入		所有可能的输出														
A	B	1	2	3	4	5	6	7	8	9	10	11	12	13	14	15	16
0	0	0	1	0	1	0	1	0	1	0	1	0	1	0	1	0	1
0	1	0	0	1	1	0	0	1	1	0	0	1	1	0	0	1	1
1	0	0	0	0	0	1	1	1	1	0	0	0	0	1	1	1	1
1	1	0	0	0	0	0	0	0	0	1	1	1	1	1	1	1	1

类似上表，3 输入的表格需要_____行和_____列。
类似上表，4 输入的表格需要_____行和_____列。
类似上表，5 输入的表格需要_____行和_____列。

问题 1.11 根据下列逻辑表达式绘制出电路图（a' 是 a 的逻辑反变量）。
$$F = A' \cdot B \cdot C + A \cdot B' \cdot C' + A' \cdot C$$

$$F = (A' \cdot B \cdot C')' + (A+B)'$$

$F=(A+B')\cdot((B+C)'\cdot A')'$

问题 1.12　写出如图 1.32 中所示各电路的逻辑表达式。

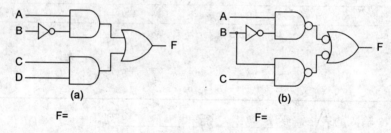

(a)　F=

(b)　F=

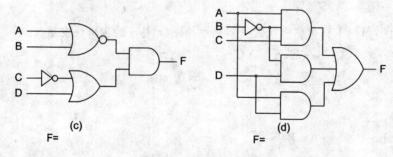

(c)　F=

(d)　F=

图 1.32　问题 1.12 的图

第 2 章
Digilent FPGA 开发板介绍

2.1 概 述

本章介绍 Digilent 公司的 FPGA 开发板及其编程软件 Adept™。该软件以引导方式(tutorial fashion)将基本逻辑电路实验中的逻辑电路下载到开发板中。在后续实验中,可用 Xilinx 公司的 CAD 工具、Digilent 公司的开发板和 Adept 软件,设计与实现从基本逻辑器件到高级数字系统的各种电路。Digilent 公司的开发板以 Xilinx 公司生产的"现场可编程门阵列(FPGA)"芯片为核心,包括所需的各种外围电路(如电源、时钟源、复位电路、编程电路以及 I/O),因此设计者可聚精会神于设计而无须担心硬件本身。

FPGA 可被成千次地配置成各种电路,这一特性使它成为学习数字电路与系统的理想工具。事实上,也正是由于这一特性,使得 FPGA 广泛应用于电子工业领域的方方面面——它可以快速地被配置成各种"虚拟"电路(甚至是整个计算机系统),这使得电子工程师在将它们投入商业应用之前可以对其设计进行充分的研究。近几年来,FPGA 的价格持续下降,使得很多用户已经在其终端产品上使用它们,这类产品都拥有能够现场对硬件进行更新升级的特点。随着时间的推移,FPGA 还将被应用到更多的电子产品中,也许最终会取代微处理器以及大多数设计中所用的其他大部分专用芯片。

阅读本章前,你应该:
- 获得你所使用的 Digilent 开发板的参考手册和原理图;
- 熟悉电子电路和电源的基本概念;
- 理解电压、电流、电阻、功率和电能的定义;
- 熟悉基本的电路元器件,如电阻、电容、二极管、发光二极管、开关、三极管以及简单的集成电路;
- 在基本电路中能够运用欧姆定律;

第 2 章 Digilent FPGA 开发板介绍

- 熟悉与(AND)、或(OR)、非(NOT)、与非(NAND)、或非(NOR)、异或(XOR)以及同或(XNOR 或 EQV)等基本逻辑运算。

本章结束后,你应该:
- 熟知 Digilent 开发板的功能;
- 能使用 Adept 软件对开发板进行编程;
- 能识别电子元器件,如电阻、电容和逻辑芯片等。

完成本章,你需要准备:
- 一台装有 Windows 操作系统的个人计算机,以便运行 Xilinx 公司的 ISE/WedPack 软件;
- 一块 Digilent FPGA 开发板。

上电后,用户应首先对 Digilent 开发板上的 FPGA 进行配置(编程),使得 FPGA 能够执行指定的功能。在配置过程中,一个"bit(比特)"文件将被下载到 FPGA 的内存单元中,用来定义电路的逻辑功能和内部连线。使用 Xilinx 公司免费提供的 ISE/WebPack CAD 软件可从 VHDL、Verilog 或原理图等源文件中生成这样的比特文件。在程序文件生成后,就可以使用 Digilent 公司的 Adept 软件将其下载到开发板中(也可以使用 Xilinx 公司的 iMPACT 软件,但同时需要使用一根 Digilent 公司的 JTAG3 下载连线)。一旦程序下载完成,只要电源一直供电,FPGA 将始终提供其所配置电路的功能。

所有的 Xilinx 芯片都可以使用一种称为 JTAG 的端口进行程序下载(JTAG 是 Joint Test Action Group,即联合测试行动小组的缩写,该组织由致力于确保测试和编程接口通用性的公司组成)。JTAG 端口通常用来在计算机和集成电路之间传递测试数据,也可以用来传递配置数据。所有的 JTAG 端口都已经被定义好各个端口的信号、时序以及控制规范,但是数据格式由各芯片制造公司来指定。Xilinx 公司已经为其产品开发出了编程算法,编程软件(如 Digilent 公司的 Adept 软件或 Xilinx 公司的 iMPACT 软件)必须按照 JTAG 端口规范和编程算法来驱动 JTAG 端口。

Digilent 开发板上的 FPGA 可以使用两种下载编程方式:一是通过个人计算机上的 USB 端口下载,二是使用板上的用户可编程 Flash ROM 下载。一旦编程完成,只要 FPGA 上电或复位,Flash 可以自动地将保存的比特文件下载到 FPGA 中去。使用 Digilent 开发板上的"模式跳线"开关来选择基于 JTAG/PC 的下载编程模式或基于 ROM 的下载编程模式。基于 JTAG/PC 的编程模式可以在任何时候使用,但基于 ROM 的编程模式只能在上电和复位时使用(当按下 Digilent 开发板上的 reset 复位按钮时,FPGA 将重新启动)。FPGA 会一直保持其配置信息,直到下一次上电或复位,但 Flash ROM 将一直保持其内部比特文件,除非它被重新下载编程,与 FPGA 上电无关。

使用 Adept 软件给 Digilent 开发板编程时,要将 USB 电缆连到开发板上(如果不用 USB 端口供电,需将一个适合的电源连到开发板的电源接口或电池连接器上,同时将开发板上的电源开关设置到 VEXT)。启动 Adept 软件,等待其识别出 FPGA 和 Flash ROM。使用浏览功能来选定 FPGA 所需要的.bit 文件或是 Flash ROM 所需要的.mcs 文件。在需要的编程下载的元器件上单击右键,并选择"program"功能,这样配置文件就被下载到 FPGA 或 Flash ROM 中去了,并且软件还会显示程序是否成功下载。在 FPGA 成功配置后,指示"配置完成"的 LED 灯也会点亮。Digilent 公司的网站上有更为详细的有关 Adept 软件使用的文档。

2.2 Digilent 开发板参考资料

  Digilent 开发板中包含的元器件数从数百到数千不等,具体包含的元器件数量与电路的复杂程度有关。每一个元器件都是针对具体的功能而选型的,并且在安装时,也选用了相关制造商的产品。印制电路板(PCB)本身必须要有正确的设计和生产,并且每个元器件的布局也要极其精确(通常的尺寸是小于 1/1 000 ft)。在安装焊接过程中,一个不正确的元器件,或是损坏的元器件,或是一个好的元器件但焊接在不当的位置上都会导致开发板不能正常工作或完全不能工作。所以,即使一块功能很简单的开发板(如 Basys 开发板),在销售之前也要严格地检验并对其进行测试。最后,开发板(如 Digilent 板)是一种复杂的工程设计工具,在任何时候,用户只有清楚开发板上所有的元器件、电路和功能,才能更有效地使用它。

  用户可通过三个文档来全面了解 Digilent 开发板及其功能,分别是:参考手册、原理图、元器件列表。在实际使用前可以先学习一些与之相关的知识。手边所有的这些参考文档需要小心备份。

  参考手册对开发板的电路原理图进行了说明。这对新用户来说是很好的入门教材,但对于资深工程师,可能根本用不上它。对资深工程师来说,最简练而又明确的参考资料就是原理图了。原理图是开发板生产的源文件,同样也包含所有可能使用这一开发板的用户所需的全部资料。

  原理图给出了开发板上所有的元器件、元器件的数值以及所有元器件之间的连接。原理图和 PCB 板上的所有元器件都由称为"参考标志"的包括文字与数字的串来唯一标记。如果你细看原理图,就会发现元器件旁边的参考标志(如"R21"、"C37")。通常电阻用字母"R"开头,电容是"C",电感是"L",芯片是"IC",二极管是"D",发光二极管是"LD",三极管是"Q",接插件是"J",这些标志只是用来区分元器件的,本身并没有实际意义。字母后面的数字表示这类元器件加入到原理图中的顺序,也可以表示该元器件在原理图中出现的顺序,或者兼而有之。最重要的一点是,所有元器件都必须用唯一的字符串来标记。仔细观察开发板,就可以看到开发板的两面到处都有这样的参考标志。

  在使用开发板之前,应该先检查开发板是否可以正常工作。所有的开发板在 Flash ROM 中都有一个简单的测试程序,可用来检查开发板上的元器件和接口是否都能正常工作。

第 2 章 Digilent FPGA 开发板介绍

练习 2　Digilent FPGA 开发板介绍

学生		等级		
我提交的是我自己完成的作业。我懂得如果为了学分提交他人的作业要受到处罚。		序号	分数	得分
		1	8	
		2	6	
姓名 _____	学号 _____	3	5	
		4	14	
		5	4	
签名 _____	日期 _____	6	14	
		7	8	
预计耗用时数		8	15	
1　2　3　4　5　6　7　8　9　10		9	9	
1　2　3　4　5　6　7　8　9　10		10	12	
实际耗用时数				

总分 _____

第几周上交 _____

最终得分 _____

最终得分：每迟交一周扣除总分的 20%

问题 2.1　阅读开发板的参考手册，特别注意电源和配置部分。完成以下内容：

板上有多少个 LED？_____ 它们用逻辑 1 还是用逻辑 0 点亮？_____

板上有多少个按钮？_____ 当它们被按下的时候输出是 1 还是 0？_____

板上有多少个滑动开关？_____ 它们输出的逻辑电平是否为常量（是或否）？_____

哪些信号能使七段译码器显示？_____ _____ _____

问题 2.2　打印出开发板的原理图，对照原理图和图 2.1 中的框和标注，识别下列元件，并将元器件的参考标志填写在后面空格上。

(1) 2 号按键　　　　　　　　　　　　　参考标志：_____

(2) 3.3 V 稳压器　　　　　　　　　　　参考标志：_____

(3) JTAG 编程接口　　　　　　　　　　参考标志：_____

(4) FPGA　　　　　　　　　　　　　　参考标志：_____

(5) Flash ROM　　　　　　　　　　　　参考标志：_____

(6) "CLK1" 晶振　　　　　　　　　　　参考标志：_____

(7) 模式选择跳线　　　　　　　　　　　参考标志：_____

(8) 所有 LED　　　　　　　　　　　　 参考标志：_____

(9) FPGA 的复位按钮　　　　　　　　　参考标志：_____

(10) 电容 C71　　　　　　　　　　　　C71 的值是多少？_____

(11) 电阻 R62　　　　　　　　　　　　R62 的值是多少？_____

第 2 章 Digilent FPGA 开发板介绍

图 2.1 问题 2.2 的图

第2章 Digilent FPGA 开发板介绍

问题 2.3 对开发板进行基本的检查和测试。

- 检查开发板,并注意可能出现的缺少、损坏或装错的元器件。当检查电路板的时候,你可以将它和 Digilent 公司网页上的图片(或者是文档中的图片)进行比较。
- 将程序模式跳线设置成 ROM。
- 给开发板上电,确保电源指示灯明亮地发光。
- 在制造时,开发板上的 Flash ROM 中存储了自动测试程序,可以自动地将 FPGA 配置成一个电路,用它来测试所有外围电路。如果这个自动测试程序没有被自动加载,那 ROM 里的程序有可能被覆盖。从 Digilent 公司的网页上可以找到合适的"开发板验证工程"并重新加载到 Flash ROM 中(有关 Adept 使用的简要指南,参见实验工程 2 中的附录)。

完成对表 2.1 的核对,如果有某一项被核对成"N",请教实验老师并解决这一问题。

表 2.1 问题 2.3 的表

所有需要部分(开发板、程序下载电缆等)都存在	Y	N
观察没有发现明显问题	Y	N
上电以后,电源指示灯明亮	Y	N
所有数码管的七段功能良好	Y	N
通过对 LED 的点亮或熄灭证明所有的滑动按键功能良好	Y	N
所有的 LED 都完全点亮	Y	N
所有的按键功能正常	Y	N

实验工程 2 开发板检验和基本逻辑电路

学生				预计耗用时数				
我提交的是我自己完成的作业。我懂得如果为了学分提交他人的作业要受到处罚。				1 2 3 4 5 6 7 8 9 10				
				1 2 3 4 5 6 7 8 9 10				
				实际耗用时数				
姓名		学号		分数量值表				
				4:好				
				3:完整				
签名		日期		2:不完整				
				1:小错误				
				0:未交				
				每迟交一周扣除总分的20%				
				得分=评分(Pts)×权重(Wt)				

实验室教师								实验室分数
序号	演示	Wt	Pts	Late	Score	实验室教师签名	日期	
1	演示一个真值表	3						
等 级				第几周提交	分数	总分=实验室分数+得分表分数		总分
序号	附加题	Wt	Pts	Score				
1	工作表	4						

引 言

在该实验工程中,读者可以下载一个.bit 文件到开发板上,用以配置 FPGA,实现 8 个不同的逻辑电路。这些电路输入采用按钮和开关,输出采用发光二极管。读者须用所有可能的输入信号组合来检查逻辑电路,根据结果写出描述电路行为的逻辑表达式。

问 题 从课件网站中获取文件"lab1_boardname.bit",并按附录中的步骤下载到 Digilent 开发板上。开发板将被配置成 8 个逻辑电路用来驱动板上的 8 个发光二极管。读者必须找出描述这些电路的逻辑表达式。FPGA 用 bit 文件配置好后,应用相关输入的所有组合(提示:注意各真值表最上面一行是输入变量名),根据输出端发光二极管的状态完成如图 2.2 所示的真值表。请实验老师检查你的工作。

第 2 章 Digilent FPGA 开发板介绍

swt7	btn3	LED7
L	L	
L	H	
H	L	
H	H	

LED7 <=

(a)

swt6	btn3	LED6
L	L	
L	H	
H	L	
H	H	

LED6 <=

(b)

swt7	swt6	swt5	LED5
L	L	L	
L	L	H	
L	H	L	
L	H	H	
H	L	L	
H	L	H	
H	H	L	
H	H	H	

LED5 <=

(c)

btn3	btn2	LED4
L	L	
L	H	
H	L	
H	H	

LED4 <=

(d)

swt4	swt3	swt1	LED3
L	L	L	
L	L	H	
L	H	L	
L	H	H	
H	L	L	
H	L	H	
H	H	L	
H	H	H	

LED3 <=

(e)

btn2	btn0	LED2
L	L	
L	H	
H	L	
H	H	

LED2 <=

(f)

btn1	btn0	LED1
L	L	
L	H	
H	L	
H	H	

LED1 <=

(g)

swt2	swt1	swt0	LED0
L	L	L	
L	L	H	
L	H	L	
L	H	H	
H	L	L	
H	L	H	
H	H	L	
H	H	H	

LED0 <=

(h)

图 2.2 问题提到的图

附录 用 Adept 对 Digilent 开发板进行编程

Adept ™是一套基于 Windows 的应用软件，它能够在 PC 机与 Digilent 开发板间传输程序文件和其他数据。特别地，Adept 使用 USB2 接口进行通信，同时也支持以太网、串口和并行口传输。

Adept 套件中的应用软件包括用于程序文件传送的 ExPort、传送用户数据到 Digilent 开发板上的器件并从那里接收数据的 TransPort、USB Administrator（用来更改 USB 端口设置）、Ethernet Administrator（用于以太网端口的设置）。虽然 Adept 能有足够的灵活性以满足许多终端用户的特殊要求，但是大多数用户还是按默认设置安装和使用 USB 口来快速开始程序的设计。

本文档简要给出 Adept 安装和基本使用的指南，如需详细信息，请访问 www.digilentinc.com 网站。

1. 安装 Adept

Adept 套件与 Windows 2000、XP 以及 Vista 兼容。安装程序将会安装 ExPort、TransPort、Ethernet Administrator 和 USB Administrator 等应用软件以及 USB 驱动。为了安装 Adept 套件，必须以管理员身份登录到你的计算机，断开所有相连的 USB 设备，运行 DASV1-9-1.msi 文件。然后按以下说明操作。

（1）打开安装程序后，单击"Next"按钮（图 2.3）。

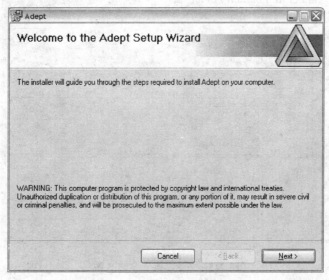

图 2.3 安装 Adept 步骤 1 图

(2) 阅读 EULA，单击"I Agree"单选按钮，然后单击"Next"按钮(图 2.4)。

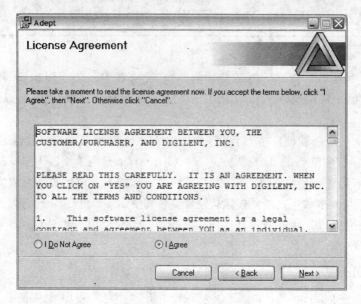

图 2.4　安装 Adept 步骤 2 图

(3) 建议安装时选择"Everyone"选项(图 2.5)。

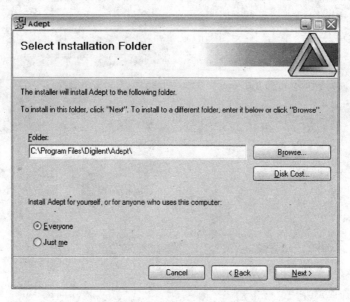

图 2.5　安装 Adept 步骤 3 图

(4) 单击"Next"按钮开始安装(图 2.6)。

第 2 章 Digilent FPGA 开发板介绍

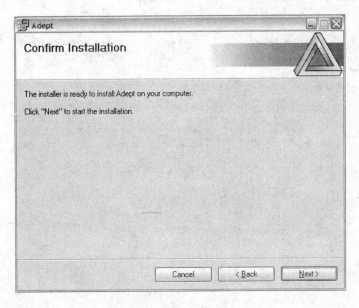

图 2.6 安装 Adept 步骤 4 图

(5) Digilent USB 驱动没有被微软公司认证,虽然它是完全安全的,并不会对你的计算机造成损害,但是窗口仍然会在安装时提出警告。单击"Continue Anyway"按钮(图 2.7)。

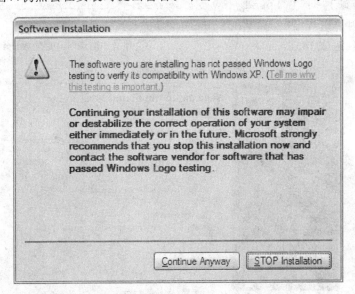

图 2.7 安装 Adept 步骤 5 图

(6) 单击"OK"按钮完成安装(图 2.8)。

第 2 章　Digilent FPGA 开发板介绍

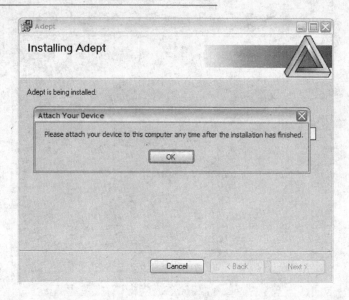

图 2.8　安装 Adept 步骤 6 图

（7）用 USB 线将开发板与 PC 连接起来，Windows 操作系统将会自动识别该设备（图 2.9）。

（8）发现新硬件向导（Found New Hardware Wizard）将会出现。选择"No, not this time"，然后单击"Next"按钮（图 2.10）。

图 2.9　安装 Adept 步骤 7 图

图 2.10　安装 Adept 步骤 8 图

(9) 设置向导为"Install the software automatically"。单击"Next"按钮(图 2.11)。

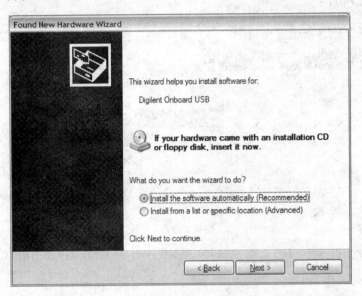

图 2.11　安装 Adept 步骤 9 图

(10) 窗口将对这个未认证的 USB 驱动再一次提示警告。单击"Continue Anyway"按钮完成安装(图 2.12)。

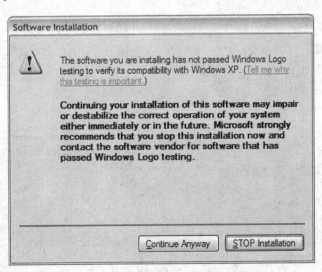

图 2.12　安装 Adept 步骤 10 图

第 2 章 Digilent FPGA 开发板介绍

2. 使用 ExPort

(1) 打开 ExPort(图 2.13)。

图 2.13　安装 ExPort 步骤 1 图

(2) 为了编程,初始化 Scan Chain,选中"Auto-Detect USB",单击"Initialize Chain"按钮(图 2.14)。

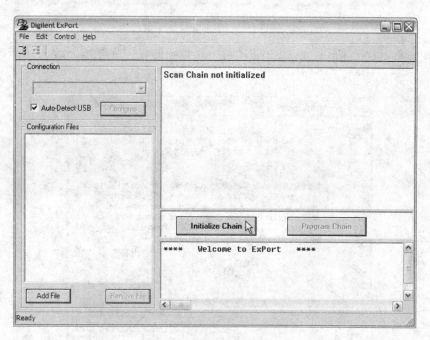

图 2.14　安装 ExPort 步骤 2 图

(3) 初始化 scan-chain 后,器件可被编程、擦除和验证。为了给器件编程,在下拉菜单中指派一个配置文件。单击"Browse…"按钮,寻找到所需文件并加入(图 2.15)。

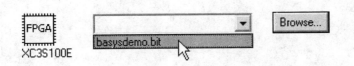

图 2.15　安装 ExPort 步骤 3 图

(4) 程序文件选好后,右击器件图标,选择"Program Device"选项(图 2.16)。

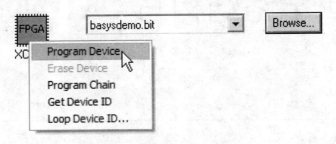

图 2.16　安装 ExPort 步骤 4 图

(5) 如果编程成功,屏幕将给出提示信息;如果不成功,确认开发板正常供电、电缆连线完好,然后再试一次(图 2.17)。

图 2.17　安装 ExPort 步骤 5 图

关于 ExPort 和 Adept 的其他应用软件的更多信息,请查看《Digilent Adept 套件的用户手册》。

第 3 章
逻辑电路结构与 CAD 工具简介

3.1 概 述

本章介绍组合逻辑电路的基本结构,以及现代电路设计中所使用的计算机辅助设计(CAD)工具。组合逻辑电路由逻辑门电路组成,输出信号的变化完全决定于输入信号的变化。也就是说,输出状态只是在输入状态变化后立即发生变化。在组合电路中,一些输入信号变化是通过逻辑门以及互连线传播,并使输出信号发生变化,然而有些输入信号对输出信号却没有影响;另外,相同的输入状态总是产生相同的输出结果。与组合电路对应的是"时序电路"。时序电路,就是有存储器件的电路,这种电路的输出信号的变化可以不考虑输入信号的变化。相同输入状态在不同的时刻将会产生不同的输出(含存储器件的电路将在后续章节中介绍)。所有组合电路可用两种方式表述:多个与门之间的或运算,以及多个或门之间的与运算。由于这两种类型的门电路,即所谓的"乘积和"(SOP)以及"和乘积"(POS),可以用来表示各种组合逻辑(图 3.1),后面将作详细讨论。

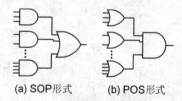

图 3.1 组合逻辑两种表示形式

CAD 工具是电子工程师日常工作中不可或缺的设计资源。工程师利用它们可以很简便地生成基于图形或基于文本的电路定义,进行电路仿真,并用各种工艺来实现电路。由于工程师在搭建电路之前,可以利用 CAD 工具设计虚拟电路,这样可以用大量的时间研究不同的解决方案和电路结构,只需花费很少的时间来搭建或者重构电路原型。虽然 CAD 工具已经使用了很多年,但是其性能仍然在不断地改进和提高。随着工艺和方法的不断发展,原先的CAD 工具渐渐被新的 CAD 工具取代。工程师们在其职业生涯中将学习和使用许多不同的CAD 工具。本章将讨论几种常见的 CAD 工具,并介绍 Xilinx 公司 ISE/WedPack 工具的使用方法。这一工具可以用来设计、检验并在可编程器件中实现各种数字电路,读者可以利用这些工具,采取基于图形或者基于文本的方法来定义电路。这里首先讨论基于图形的方法,也就是"原理图法",然后讨论用于验证电路性能的仿真工具。后续章节中将会介绍基于文本的方法。

阅读本章前,你应该:
- 能够阅读并设计简单逻辑电路;
- 熟悉逻辑表达式以及与之相关的逻辑电路;
- 了解怎样使用 Windows 操作系统和计算机。

本章结束后,你应该:
- 根据逻辑表达式能够构建逻辑电路;
- 理解如何在基本电路设计中使用 CAD 工具;
- 使用 Xilinx ISE 原理图编辑器实现任何给定的组合逻辑电路;
- 能够对各种逻辑电路进行仿真;
- 能够用逻辑仿真器验证电路的行为特性。

完成本章,你需要准备:
- 一台装有 Windows 操作系统的 PC 机,以运行 Xilinx 公司的 ISE/WedPack 软件;
- 一块 Digilent 开发板。

3.2 逻辑电路基本结构简介

3.2.1 原理图及其原型

原理图是电路的图形表示,它直接定义了电路的结构,并间接定义电路的行为特性(也就是说,电路的行为特性一定能由电路结构推导出来)。原理图是由各种表示电子元器件的图形、表示连接线的线条以及表示外部接口的连接符号共同组成的,有唯一的标记符来标识元件、连线以及连接器。数字逻辑电路中的符号主要是 AND、OR、NAND、NOR、XOR、XNOR 以及 INV 等逻辑门。大部分的数字电路原理图都没有使用 V_{DD} 和 GND 这些连接符号,这是因为即使没有明确表示,大家也知道所有的逻辑门电路都需要电源才能工作,所以没必要再明确表示,如图 3.2 所示。

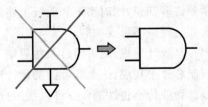

图 3.2 逻辑门符号示例

从原理图可以看出,逻辑门的输入是怎样组合在一起去驱动一个或多个输出的。如图 3.3 所示电路,如果 B 为 0 或者 C 为 0,输出 Z 就为 1;如果在 C 为 0 的时候,B、D 同时为 1,那么输出 Z 也为 1。图中没有任何信息来表明输出需要

第3章 逻辑电路结构与CAD工具简介

完成怎样的功能,输入是怎样组合的,这在逻辑电路图中是常见的,高级系统描述忽略了这样的细节。在该例中,输入可能是开关、传感器或其他逻辑电路,而输出可能用来驱动指示器或其他电路。

在原理图编辑器中,通过调用逻辑门、连接线以及输入/输出端口的图形进行布局,便可很轻松地设计出电路。完成后的原理图定义了一个虚拟的电路模型,这样的模型有两个主要目的:一是可以仿真,即在实际制造出电路前可以分析电路的行为;二是可以综合,即在实际物理电路器件中自动实现。随着仿真和综合工

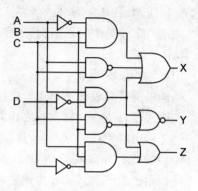

图3.3 组合逻辑电路示例

具的广泛使用,渐渐定义了一种新的、功能强大的设计方法,而这种方法实际上已经被数字设计工程师所使用。但要谨记的是:CAD工具设计的只是虚拟的电路模型,并不是实际的物理电路。即使功能最强大的电路仿真器也不可能完全模拟出所有电路的行为,很多电路功能的分析只能依靠研究实际的物理电路。

使用CAD工具可以非常简单地完成电路的设计工作,并满足所有给定的设计要求。设计要求通常都用"行为"要求来描述。例如,一项设计要求是这样描述的:当测得的温度超过90 ℃并持续10 s以上,或是冷却液的液位太低,那么报警灯亮。这样的文字叙述描述了电路该如何工作,但是并没有提供有关电路结构的任何信息。一个电路模型被开发出来以满足这样的行为要求,电路模型还可以被仿真,并使其性能与实际问题的要求进行比较。需要注意的是,现在已经证明用于构造电路模型的假设条件与实际情况的条件是不同的,因此,几乎所有解决方案的性能只是假设条件下的性能。在所有条件和约束下,假设被用来代替严谨的知识通常是不足的。实际参数是苛刻的,有时甚至不使用参数。当电路由实际的物理器件实现后,电路的行为和性能可被彻底地检查和验证,不给假设留任何余地——这样电路既可以工作在设想环境中,也可以工作在其他环境下。客观地说,只有电路在实际构建和验证后才能给出问题的确切解。事实上,当虚拟的电路模型完成之后,大部分的设计工作都完成了,我们也会从中学到许多知识,同时实现和验证电路的工作也就开始了。这里要再次重申,实际物理电路的实现和运行是不可或缺的。

一旦设计完成,就可通过某些后端工艺来实现。过去的几百万个电子器件有可能在一个全定制芯片中实现,一个几万门的设计可以在一块可编程器件中实现;一个低端、低成本的玩具或新颖廉价小物件的设计可以使用分立器件和单层电路板来实现。无论何种情况下,如果用CAD工具定义了电路原型,在最终设计中可以很方便地调用它的源文件。

从这一章开始和接下来的几章中,读者将学习使用Xilinx公司的CAD工具来定义、仿真并综合电路。许多电路可在Digilent开发板上实现并进行确认和验证。读者对工具的使用熟练到一定程度后,后续章节中将会更多地介绍现代设计中相关的CAD工具使用方法。

3.2.2 组合电路结构

组合逻辑电路产生一定的输出信号,而这些输出信号是输入信号的逻辑函数(如与、或、非等)。组合电路中,任一给定模式下输入信号总会产生同样的输出信号,而与输入信号的时间无关。组合逻辑电路的行为特性最典型的是通过逻辑表达式或真值表来描述。这两种描述方法都可清晰、简便且明确地定义出输入信号如何组合并产生输出信号。

根据问题的描述,可以很自然地用逻辑表达式这种更严格的工程形式来表示。例如,有逻辑描述为"当东和西两个按钮同时被按下,或北按钮被按下而西按钮没有按下,或只有南按钮被按下的时候,解除锁存",可以用逻辑表达式表示为

L<= (E and W) or (N and not W) or (S and not E and not W and not N)

逻辑表达式以简便、明确的形式表述行为要求。通常,对于一个简单的逻辑表达式(如上例),可以根据表达式直接设计出一个结构化的电路。

真值表或许是组合逻辑系统最为严格的表达方式,这是因为它描述了输入信号所有组合情况下的输出行为。一个含有 N 个变量的真值表就有 2^N 行,每一行的输入组合模式都不相同。行排列的方式按二进制数的顺序从小到大,连续 N 位排成一行。如表 3.1 所列的真值表给出了上例逻辑系统的输入、输出行为特性。电路原理图既可以根据逻辑表达式也可以根据真值表来定义。

对于逻辑表达式,用逻辑门的符号替代运算符,由连接到逻辑门的信号线表示输入信号,这样就产生了电路原理图。或许唯一需要考虑的就是采用何种逻辑运算(即哪种逻辑门)可以产生需要的输出信号,以及何种运算来驱动内部电路节点。在逻辑表达式中使用圆括号表示运算的优先以避免混乱,当然,优先级的规则要先定下来。例如,表示逻辑表达式"F<=A·B+C·B"的原理图,可能使用或门来驱动输出信号 F,用两个与门的输出作为该或门的输入;它还可以用三输入与门来驱动 F,其中与门的输入是 A、B 以及 B 和 C 经过或门之后的输出(译者注:这里有错,这句话及图 3.4(b)中的逻辑表达式对应于"F<=AB+ACB=AB")。

如果不使用圆括号,那么在逻辑表达式中,非运算有最高优先级,其次是与/与非运算,再次是异或运算,最后是或/或非运算。一般来说,如果先画出输出门,就很容易从逻辑表达式中得到整个逻辑电路。这样,图 3.4(a)中与逻辑表达式 F<=AB+CB 为正确的对应关系。

表 3.1 问题的真值表

E	W	N	S	L
0	0	0	0	0
0	0	0	1	1
0	0	1	0	1
0	0	1	1	1
0	1	0	0	0
0	1	0	1	0
0	1	1	0	0
0	1	1	1	0
1	0	0	0	0
1	0	0	1	0
1	0	1	0	0
1	0	1	1	0
1	1	0	0	1
1	1	0	1	1
1	1	1	0	1
1	1	1	1	1

第 3 章 逻辑电路结构与 CAD 工具简介

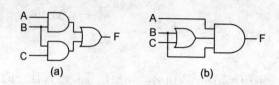

图 3.4 根据逻辑表达式画逻辑电路

逻辑表达式中的取反表明在驱动一个逻辑门之前,该输入信号必须要先反向;同样也表明逻辑门输出信号要被反向。这些取反运算可以直接映射到原理图中。例如,如图 3.5(a)所示原理图的逻辑表达式为 F<=(A·B)′+B·C′,根据表达式的要求,在 2-输入与非门的输入端前放置了一个反相器,在 AB 与门输出端也放置了一个反相器。其实际做法是将逻辑门及其后面的反相器合到一起,在输出端用一个小圆圈来表示(如果输出端本身没有小圆圈);如果原来已经有表示反相器的小圆圈,那么就去掉该圆圈。用输出端小圆圈来取代反相器可以使电路用更少的 CMOS 管。例如,一个与门输出端跟随一个反相器(非门)要用 8 个管子,而一个与非门只要 4 个管子。同样,逻辑门与输入端的反相器也应合在一起,尤其是该反相信号只驱动单个逻辑输入。对于逻辑 B·C′,与门输入端的小圆圈意义很清楚:当 B 为 1 且 C 为 0 时,该逻辑门输出为 1。

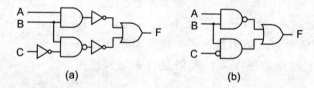

图 3.5 反相器的处理

两个"紧挨着"的信号取反运算后其作用相互抵消。这就是说,如果一个信号被反向一次,紧接着又被反向一次,那么两次反向可简单移去,信号直接相连。这样,电路得到简化,效率将更高。例如,图 3.6 中的两个电路表示了同样的逻辑功能。图 3.6(b)电路是简化后的,消除了信号 C 的两次反向,并在内部节点增加了一次反向,使电路更有效率,也使得 NAND 门(4 个管子)可以代替 AND/OR 门(6 个管子)。

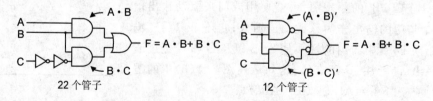

图 3.6 电路的优化

从原理图可直观地得出逻辑表达式。驱动输出信号的逻辑门定义了主要的逻辑运算,并且用它来确定逻辑表达式中的其他符号。反相器和逻辑门输出端的小圆圈,意味着信号反相或"下一级"门的输出功能的反相(如图 3.7 中所示的例子)。逻辑门输入端的小圆圈可以被看成是该门输入信号接有反相器。

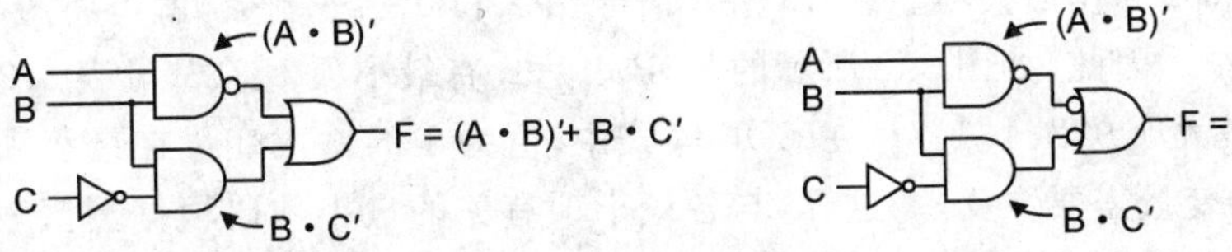

图 3.7 逻辑电路中小圆圈的意义

3.2.3 SOP 与 POS 电路

人们很早就从数学中借用术语"乘积"、"和"来表示"与"、"或"逻辑运算。任何逻辑变量之间的"与"运算都可看作是乘积运算,同样,任何逻辑变量之间的"或"运算都可以看作是和运算。任何数字系统都可以用下列两种逻辑关系式来表示:多个与门之间的或运算,即乘积和的形式(SOP);或是多个或门之间的与运算,即和乘积的形式(POS)。两种形式之间可以互换,根据几个基本规则就可以将一种形式转化为另一种形式。例如,异或运算 $Y_{SOP}<=$(not A and B) or (A and not B)。这种 SOP 关系式也可以表示为 $Y_{POS}<=$(A or B) and (not A or not B)这样的 POS 形式。在该例中,POS 和 SOP 形式都是很简单的,但实际中并非总是这样。如果电路的输入端超过两个,那么可能将一种形式转变成另一种形式更简单。所以设计电路时,一定要比较两种形式,并选择更简单的形式来构造电路。

采用以下规则,可方便地从真值表中得出逻辑表达式(即逻辑电路)。

1. 用于 SOP 电路

- 如果真值表中输入变量有 N 列,则需要用 N-输入与门,并将真值表中输出为 1 的所有输入用与门表示;
- 对于输出为 1 的行,如果输入为 0 的变量,那么在与运算中该变量要先取反;
- 所有的与门最后再与 M-输入或门连接,这里 M 的取值为所有输出为 1 的行的数量;
- 最后或门的输出即为函数的输出。

2. 用于 POS 电路

- 如果真值表中输入变量有 N 列,则需要用 N-输入或门,并将真值表中输出为 0 的所有输入用 N 输入的或门表示;
- 对于行中输入为 1 的变量,那么或运算中该变量要先取反;
- 所有的或门最后再与 M-输入与门连接,这里 M 的取值为所有输出为 0 的行的数量;

最后与门的输出即为函数的输出。

如图 3.8 所示的 SOP 电路中,每一个乘积运算都含有三个输入变量。同样,在 POS 电路中(图 3.9),每一个和运算也含有三个输入变量。包含所有输入变量的乘积项称作最小项,而包含所有输入变量的和项称作最大项。这样,输入信号用 1 和 0 二进制数,就可将最小项、最大项放在真值表的行中。因此,如图 3.8 所示的 SOP 表达式有最小项 1、3、5(见表 3.2 最右边的列)。POS 等式有最大项 0、2、4、6、7。在 SOP 等式中,值为 1 的输入变量在最小项中是不需要取反的(值为 0 的变量需要取反)。这样,与各最小项有关的最小项码根据真值表中相应的行来确定。在 POS 等式中,值为 1 的输入变量需要取反(值为 0 的变量不需要取反)。这样,与各最大项有关的最大项码根据真值表中相应的行来确定。

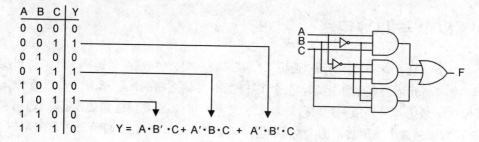

图 3.8 SOP 电路示例

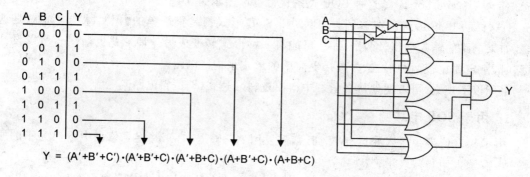

图 3.9 POS 电路示例

使用最小项和最大项编码,可以直接从真值表中写出新的 SOP 和 POS 简约表达式。SOP 表达式使用累加符号 Σ 表示各项相加,而 POS 等式使用连乘符号 Π 表示各项相乘。两种形式都只要在运算符后面简单列出真值表中的最大项、最小项。真值表中凡是输出为 1 的行都表示最小项,输出为 0 的行都表示最大项。上述真值表的最大项、最小项表达式如下:

$$F = \Sigma m(1,3,5), \quad F = \Pi M(0,2,4,6,7)$$

表 3.2 最小项与最大项表示

A	B	C	序号	最小项	最大项	F
0	0	0	0	A′·B′·C′	A+B+C	0
0	0	1	1	A′·B′·C	A+B+C′	1
0	1	0	2	A′·B·C′	A+B′+C	0
0	1	1	3	A′·B·C	A+B′+C′	1
1	0	0	4	A·B′·C′	A′+B+C	0
1	0	1	5	A·B′·C	A′+B+C′	1
1	1	0	6	A·B·C′	A′+B′+C	0
1	1	1	7	A·B·C	A′+B′+C′	0

3.2.4 异或运算

异或(XOR)关系式 F<＝A xor B 由如表 3.3 所列的真值表来表示，也可以用二变量逻辑表达式来表示

$$F_{SOP} <= A \cdot B' + A' \cdot B , \quad F_{POS} <= (A+B) \cdot (A'+B')$$

符号 ⊕ 通常也被用来表示异或运算。例如，F<＝A⊕B,F<＝A⊕B⊕C。在数字电路中，异或运算可以方便地对二进制数进行处理，后面将给出这些电路。现在来考虑异或的输出，当输入变量中奇数个输入信号有效时，输出有效。异或运算这种"奇数检测"特性对任何数量的输入都是有效的。

像 F<＝A⊕(B·C)这样的混合异或运算，通常写成 SOP 或 POS 的形式(表 3.4)：F_{SOP}<＝A′·(B·C)+A·(B·C)′ 或 F_{POS}<＝(A+(B·C))(A′+(B·C)′)。

同或(XNOR)运算是异或运算的取反运算。由于在 2-输入同或运算中，当两个输入相同时，输出有效，同或运算有时也称为等值运算(EQV)。但这个名称具有误导性，因为如果有 3 个或 3 个以上输入变量时，就不具备这样的能力(如 3-输入的同或运算，当 3 个输入都相同时，输出并非都有效)。如表 3.5、表 3.6 所列 2-输入、3-输入的同或运算，读者可以观察每一种输入组合，同或(XNOR)的输出其实就是上面所述异或运算输出的取反。真值表所示的 F<＝A xnor B 的同或运算关系可用等价的两输入变量的逻辑表达式表示

$$F_{SOP} <= A' \cdot B' + A \cdot B \quad 或 \quad F_{POS} <= (A'+B) \cdot (A+B')$$

在同或(XNOR)运算中通常也使用⊕符号，不过最后表达式要取反：F<＝(A⊕B)′或 F<＝not(A⊕B),F<＝(A⊕B⊕C)′ 或 F<＝not (A⊕B⊕C)。

表3.3 2-输入异或真值表

A	B	F
0	0	0
0	1	1
1	0	1
1	1	0

表3.4 3-输入异或真值表

A	B	C	F
0	0	0	0
0	0	1	1
0	1	0	1
0	1	1	0
1	0	0	1
1	0	1	0
1	1	0	0
1	1	1	1

表3.5 2-输入同或真值表

A	B	F
0	0	1
0	1	0
1	0	0
1	1	1

表3.6 3-输入同或真值表

A	B	C	F
0	0	0	1
0	0	1	0
0	1	0	0
0	1	1	1
1	0	0	0
1	0	1	1
1	1	0	1
1	1	1	0

同或(XNOR)真值表中,如果有任一个输入 A 或 B 反相了,那么其输出就是异或运算。这就是说,F<=(A⊕B)′与 F<=A′⊕B 或 F<=A⊕B′具有相同的逻辑输出。如果 A 和 B 都反相,还是同或(XNOR)输出,即 F<=(A⊕B)′与 F<=A′⊕B′是等同的。异或运算中也有相同的性质,即任何单个信号反相就会产生同或(XNOR)输出,两个输入都反相还是异或输出。事实上,这一性质可以推广到多输入异或/同或运算,即单个输入信号的反相会改变函数的输出,任何两个输入信号的反相不改变输出的功能,而任何三个输入信号的反相会在异或和同或(XNOR)之间改变其输出,等等。一般可以更简洁地表达,即奇数个输入信号的反相将改变其输出,从异或变为同或(XNOR),或是从同或(XNOR)变为异或;反之,偶数个输入信号的反相不会改变其原有输出;单个输入信号的反相等同于改变了整个函数的输出。几种关系表示如下:

F=A xnor B xnor C(F<=(A⊕B⊕C)′ ⇔ F<=A′⊕B⊕C ⇔ F<=(A′⊕B′⊕C)′ 等

F=A xor B xor C ⇔ F<=A⊕B⊕C(F<=A′⊕B′⊕C ⇔ F<=(A⊕B′⊕C)′ 等

异或和同或(XNOR)运算的输出关系还可以用更简洁的图形法表示。只要输入信号有效个数为奇数,异或输出就有效;只要输入信号有效个数为偶数,同或(XNOR)输出就有效。异或运算是奇检测器,而同或(XNOR)运算是偶检测器。后面所讨论的电路中,这一特性在检查数据出错方面非常有效。

异或、同或电路以及它们的符号如图 3.10 所示。其中,任何一种 CMOS 电路可用 6 个管子构造,但电路有一些不稳定性。通常的做法是用三个与非门、两个反相器来搭建异或和同或门电路,这需要 16 个管子。

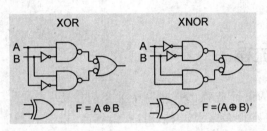

图 3.10 异或、同或电路及符号

图 3.11 是在"可控反相器"中使用异或运算的例子。该例的真值表就是异或运算的真值表(表 3.7),使用了一个异或门,其中一个输入命名为"control"。当 control 信号为"1",那么输出就是 A 信号的反向;但是如果 control 信号为"0",A 信号直接通过这个门电路。这一可控反相器在后面的应用中非常有用。

表 3.7 可控反相器真值表

A	B	F	Control	A	F	
0	0	0	0	0	0	通过
0	1	1	0	1	1	
1	0	1	1	0	1	反相
1	1	0	1	1	0	
XOR 真值表			Controlled 反相			

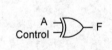

图 3.11 可控反相器

3.3 CAD 工具简介

一种新的电路设计思想,很难完美地直接从概念到实现。通常在设计过程中,要考虑多种电路设计方案,对其中的某些电路进行实现和评价。这些原型电路可以帮助设计者在最终确定方案之前能够充分地理解设计需求,并确定解决方案。在数字设计初期,首先在纸上画出电路原型,然后用分立元件或简单的集成电路进行搭建。近期,已经使用 CAD 工具来描述和设计数字电路,淘汰了"笔与纸"的设计方法。随着计算机时代的来临,工程师发现在计算机上设计虚拟电路的方法比实际搭建电路更有效率。目前,一代又一代的工程师已经使用 CAD 工具设计出无数电路,CAD 工具已经成为基本的且不可替代的设计资源。在工程中大量使用 CAD 工具使其以不可思议的速度吸收容纳新概念和新技术。客观地说,如果没有 CAD 工具,技术发展将被严重制约。近年来,CAD 工具的功能日益强大,甚至可以促使设计方法和工程进度进入一个全新的阶段。与此同时,CAD 工具的价格趋向合理,事实上,工程师都可以使用。

3.3.1 产品设计流程

一个新产品或电路的设计流程都是从一个抽象的想法开始的,这种抽象的想法有很多来源,包括用户、销售商、市场人员或工程师。新想法需要经过详细审查并经受各种可行性研究,然后得到描述高级产品特性的建议,提出目标预算,制定计划表,以及市场销售规划,并对各种有用的信息进行广泛的讨论。通过建议步骤后,就进入到了工程设计阶段(也就是图 3.12 流程图中的阴影部分)。工程设计阶段一般从产品规范开始。产品规范就是产品的工程文档,它包括详细的信息可以指导设计工程师完成设计流程。在产品规范的基础上,要准备行为描述、结构描述或二者兼有。行为描述在本质上是更高级的详细规范,主要说明了新设计的行为特性,但不提供任何关于实际如何去构造的信息(这是结构描述的工作)。例如,汽车上的状态指示器的规范可能为"当油箱指示器发现油箱内的汽油不足 2 USgal,并持续 10 s 以上,那么燃料不足警报灯将点亮"。其行为描述为"fuel_warning_light <= check_2s(under_2_gallons)"。这一行为描述以简单可读的方式表达出来,该方式清晰地表明:根据对输入信号"under_2_gallons"的评估,所得到的输出逻辑值赋给名为"fuel_warning_light"的信号。这一行为描述使基本设计需求十分清晰,但是却没有提供有关如何搭建该电路的任何信息。实际上,在具体搭建电路之前,行为描述要转化为结构描述。结构描述,如同一张电路原理图,包含所有元器件以及连接线,这不仅表达电路行为,而且还包含实际搭建电路所需要的信息。

图 3.12 产品设计流程图

任何设计流程,从抽象的行为描述到细节的结构描述这一步都是不可缺少的。实际上,这一步就称为设计流程。在这个简单的"警报灯"例子中,结构定义可能采用几种形式中的一种,如是基于微处理器的电路,或是基于分立元件的电路,或是基于可编程器件的电路。结构设计采用哪种形式取决于许多因素,包括设计师的能力、器件的成本以及各种设计方法对功率的要求等。

在整个工程的设计流程中,CAD 工具都是非常有用的。无论是简单的逻辑设计还是复杂的系统设计,都可以使用 CAD 工具。在设计的早期阶段,设计者借助 CAD 工具在计算机上使用几种不同输入模式中的任何一种来进行电路设计。一些基于文本的模式,如使用"硬件描述语言"或 HDL 编辑器,可以进行高级行为描述。还有基于图形的模式,如用原理图编辑器,可以进行高级结构描述。任何给定的电路都可以用行为或结构源文件来描述,但是它们之间有很大的不同。例如,原理图描述,上面包含所有的元器件和连接线,它在具体搭建电路的时候非常有效,而且可以精确仿真并直接实现。行为描述使用的 HDL 语言可以很快地被掌握,但是它不包含电路结构方面的信息,所以在电路实现前必须要将其转化为结构描述。

结构描述的大部分工作就是绘制电路图,而不是定义电路来满足给定要求(就如同先规划出房子结构满足家庭需要,然后再盖房子)。类似地,将电路的行为描述转化为结构描述是很繁重且很重要的工作,但对最终解决方案不会增加重要价值。现在有一类计算机软件称为综合器,可以很好地完成这一工作,这样,设计者就可以将注意力集中在其他设计任务上。尽管综合器使用可在很大范围内行为定义的规则和假设,但有研究表明,它们所产生的电路结构无法超越很多工程师手工绘制的电路结构。在后续实验工程部分将会使用 HDL 编辑器和综合器。

设计者借助于 CAD 工具用一种简单的方式绘制电路,使用高级工具减少了工作时间。这些工具能够仿真绘制出的电路,并且在搭建电路之前能够对其进行彻底的研究。同时也能够使用给定的工艺实现电路,这样,设计者可以方便地将虚拟电路与实际硬件联系起来。用 CAD 工具绘制的电路可以很方便地存储、转换与修改。HDL 编辑器是主要的 CAD 工具,并且与硬件平台无关,这样设计师就可以随时更换计算机和软件平台。所有这些因素都清楚地表明在每个新设计中使用 CAD 工具的原因。所有这些优点中,CAD 工具最大的优点是:CAD 工具设计的电路可以仿真。可以说,一旦开发出基于计算机的应用电路,仿真就是最重要的。图 3.13 为 CAD 工具架构。

3.3.2 电路仿真

用分立元器件搭建电路是比较耗费时间的,在衡量电路性能时也受到限制。在实际实验和测量电路的性能之前,还很难确定该电路的行为特性。现代计算机出现后,工程师们意识到可以用计算机程序的形式来定义虚拟电路模型,然后用抽象的模型去仿真电路的行为特性而不必实际搭建电路。借助仿真器,设计师在搭建实际电路之前,就可以用大量的不同输入以及各种操作假设情况对电路设计进行实验。此外,复杂电路设计,如现代微处理器,在其原型电

第3章 逻辑电路结构与CAD工具简介

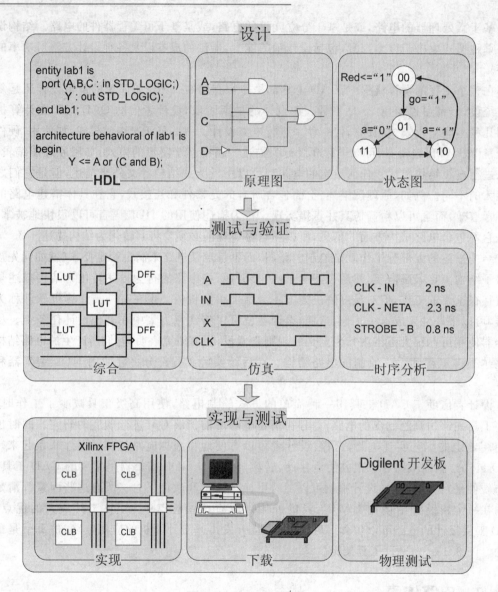

图 3.13 CAD 工具架构

路中使用了大量的元器件,如果没有使用大量的仿真,是不可能简单地被构建出来的。

仿真器需要两种类型的输入。一种是抽象电路描述,包括所有的逻辑门(或其他器件)以及连接线;另一种是输入激励文件,用于描述随着时间变化,输入信号怎样被驱动。虚拟电路以"电路描述语言"的方式输入到计算机中去。目前,主要使用的语言有几种,一般分为两组:一组是"网表"语言(最著名的就是 edif 格式);另一组是"硬件描述语言",或称为 HDL(以

VHDL 和 Verilog 最著名)。过去的二十几年里,网表在电路描述中占统治地位,但是近年来,HDL 的使用越来越多。本章主要介绍网表和用于创建、仿真以及下载到可编程器件中的工具。HDL 将在后续章节中介绍。

网表是一种简单的、对给定电路元器件以及连接线进行描述的文本语言。一个简单电路的网表如图 3.14 所示。网表中每行的第一部分(冒号前)是确定给定逻辑门或电路的唯一标记,然后是门电路的名称以及所有输入和输出信号,并按预先设定的顺序排列——在这个网表中,逻辑门的输出放在最后。例如,第二行中的 2-输入与非门,标记为 G2,其中输入为 net1 和 a,输出为 net2。

```
G1: INV(sel,net1)
G2: NAND2(net1,a,net2)
G3: NAND2(sel,b,net3)
G4: NAND2(net2,net3,y)
```

图 3.14 电路网表举例

网表有许多不同的格式,其中"电子数据交换格式(edif)"是目前最流行的。尽管实际的 edif 格式的网表与本例中的网表有所不同,但包含的本质信息是一样的。无论哪一种,网表的实体部分提供的仿真程序带有需要仿真电路的所有信息。在所给的例子中,读者可将每一行看成是一个子程序的调用,而逻辑函数名就作为子程序名,输入、输出是其子程序的参数。每个仿真时间步,任何子程序的输入改变,都要重新计算出新的输出值。每个新计算出的输出值可能就是其他子程序的输入值,并且那个子程序要在下一个仿真时间步被执行。

为了对一个电路进行仿真,需要输入一组仿真激励数据。通常,在文本中写一系列的仿真命令,并送到仿真器中(与网表一起)进行"批"处理。当然,也可以一次输入一个仿真命令,并实时地观察电路的响应。如图 3.15 所示,这就是一组输入激励。

```
Force a,b,sel to '0'
simulate 100 ns
Force a to '1'
simulate 100 ns
Force sel to '1'
simulate 100 ns
Force b to '1'
Simulate 100 ns
```

图 3.15 仿真激励数据举例

1. 原理图绘制

网表应该手工创建并输入到计算机中,但是如果这样做,即使只是中等复杂程度的电路,也是非常单调且耗时耗力的。首先,需要创建一个精确而又完整的电路图;然后给所有的元器件和连接线分配唯一的名称;最后是网表,包括所有元器件以及元器件之间的连接线。注意,一旦电路图准备好了,那么剩下是简单、重复和耗时的任务——而这些都很适合用计算机来完成。

电路图绘制(或基于计算机的绘图):用符号表示逻辑函数,用线条来表示连接线,这就是通常所说的原理图。原理图只不过是网表的图形表示,但用计算机绘原理图要比手工写网表简单得多。借助于计算机软件"原理图绘制工具",设计者可以在计算机上使用图形界面绘出电路原理图。基于计算机的电路原理图,原理图绘制工具可以在其上增加表示逻辑门的符号和表示连接线的线条。

第3章 逻辑电路结构与CAD工具简介

基本逻辑门与逻辑函数(与非门、或门、反相器等)都有基本的符号,而更复杂的函数通常用一个简单的小方框来表示。用户可以创建自己的符号来表示逻辑电路,并用这些符号来设计电路。无论符号是来自标准的器件库,还是来自用户自己的设计,通常在其符号外围都有伸出来的线条表示输入信号(一般在符号左边)和输出信号(一般在符号右边)。这些输入/输出口用线条表示器件的连接点,也称为引脚或端口。尽管符号一般不显示连接电源和地的端口,但假定它们是存在的,如图3.16所示。

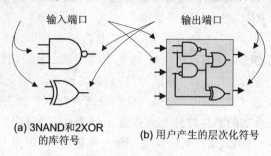

(a) 3NAND和2XOR的库符号　　(b) 用户产生的层次化符号

图3.16　模块化设计方法

用原理图绘制工具绘制原理图,其过程就是不断地在原理图中添加符号和线条直到所有需要的元器件和连接线都在原理图中。完成原理图后,可以用"网表生成器"来将图形信息转换(或"提取")为网表。电路仿真之前,必须要将原理图转换成网表形式。尽管给定电路的原理图和网表看起来不相同,但它们含有的信息完全相同。在原理图和网表之间存在着一一对应的关系,用简单的置换算法可以将它们互相转换。相对于网表,原理图更容易读懂,所以一般电路都用原理图的形式来表示。综上所述,使用计算机图形工具来定义、输入电路,并从原理图中提取网表的过程,就称之为原理图绘制过程。

每个电路符号都有其自身的形状以及一些引脚作为连接点。许多表示通用逻辑函数的符号都是容易根据外形来辨认的(与、或、异或等)。许多符号是用一个方框来表示,没有任何线索可以看出它们的功能。这些非特定的符号是用更基本的逻辑门设计的电路模块的一个封装。组合成这类符号的电路称之为宏,通常设计者使用它们来隐藏基本电路的细节。这样,原理图中使用宏就像是计算机程序中使用子程序一样。当构建更大、更复杂电路模块时,使用宏就非常有用了。宏比简单的逻辑门和电路更复杂,但是相对于整个电路,它们更小、更加简单和容易理解。用宏构建的电路通常称为层次化电路,而且可以分成多个层次(如宏可以包括其他的宏作为它的一个电路元件)。一旦设计好,宏就存储在工程库中,这样就可以根据需要随时被调用或使用。"I/O分配器"通常可以用来确定层次化电路中的输入信号和输出信号(对内部节点,正好相反)。

层次化电路原理图编辑器可以用抽象的方法设计复杂的电路,并隐藏内部的宏。通常在整个设计开始前,单独设计和验证所需要的宏;然后,宏就作为更复杂的设计中的一个模块。层次化电路编辑器允许使用"各个击破"的方法来解决复杂设计问题。这样,设计中的主要任务和挑战,就是如何正确地划分整个设计。好的划分可以让复杂的任务流相对流畅,而划分不当可能增加工作量,甚至导致设计失败。

原理图中符号之间的布局布线一般不可见,通常是计算机自动布局布线,并告知仿真程序如何正确地模拟电路。网表生成器将原理图中的图形和线条映射为网表，而网表本质上就是对计算机布局布线的调用。因此，当画完原理图时，网表源文件（即仿真器的输入）也同时创建好了。

2. 原理图设计流程

图 3.17 是详细的原理图设计流程。设计流程开始是一个清晰的规范，根据规范来产生原理图（因此也产生了网表）。根据 CAD 工具的特性，对于复杂的设计，产生正确的原理图和网表的过程具有一定的挑战性。一旦网表完成，就可以产生激励输入来测试该设计。在原理图流程中，可以用一个被称为波形编辑器的简单图形界面来输入激励波形。波形编辑器可以给输入信号在不同时间段设置不同的逻辑值。当所有的输入值设置完成后，就可以进行仿真，并且仿真器根据输入产生输出。输出值也显示在同一图形界面窗口内，这样可以更方便地将输出和输入信号进行对比。一般情况下，设计者应该用所有可能的输入情况作为仿真器的输入去驱动电路，只有这样才能够验证电路在各种输入组合下输出的正确性。仿真进行后，设计者要仔细检查仿真结果是否满足设计要求。在设计流程中，很重要的是通过验证仿真输出结果来验证设计与需求是否相符合，这也是一个很有挑战性的过程。

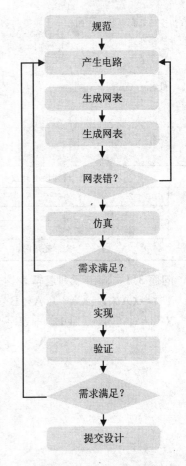

图 3.17　电路设计流程

如果仿真正确而且所有设计需求都被满足，那么设计电路就可以实现并在硬件上验证。这是设计过程中最重要也是最有效的步骤；在设计的电路被搭建为实际硬件电路前，所有验证有效的设计需求都不能看作是"真实"的。同样，设计中所有相关的假设条件也需要在实际环境中接受考验。例如，有一个设计用来处理从传感器获得的输入信号，并根据获得的数据来驱动一个执行器，那么该电路就要能处理相关的、实时的、动态的数据。在最终提供的设计方案中，有许多行为特性，包括预期的和意外的，都可以被观察、验证，并根据需要来改进。

硬件验证通常包括使用各种仪表、示波器以及其他测试与测量设备，用于观察和测量设计中不同的电信号。例如，检查信号时序是否满足要求，功耗是否在可接受范围之内，以及是否包含电子噪声。

本章后面的相关练习用来强化所学的概念，并提供满足基本设计要求的数字电路的设计机会，相关的实验工程能够为第一次使用 Xilinx CAD 软件的用户提供较为基础的使用指南。

练习3 逻辑电路结构

学生			
我提交的是我自己完成的作业。我懂得如果为了学分提交他人的作业要受到处罚。			
姓名 _____		学号 _____	
签名 _____		日期 _____	
预计耗用时数			
1 2 3 4 5 6 7 8 9 10			
1 2 3 4 5 6 7 8 9 10			
实际耗用时数			

等级			
序号	分数	得分	
1	8		总分
2	6		
3	6		
4	9		
5	4		第几周上交
6	10		
7	8		
8	6		
9	6		最终得分
最终得分：每迟交一周扣除总分的 20%			

问题 3.1 画出下列逻辑表达式的电路图。

$$Y <= (A \cdot B \cdot C) + ((A \cdot B' \cdot C \cdot D') + (B+D)')'$$
$$X <= (A \oplus B \cdot C \oplus D') + (B \oplus C)' \cdot (C+D)'$$

问题 3.2 画出下列逻辑表达式的电路图。

$$F = \Sigma m(1,2,6) \qquad\qquad F = \Pi M(0,7)$$

问题 3.3 写出如图 3.18 所示电路的逻辑表达式。

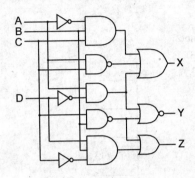

图 3.18　问题 3.3 的图

问题 3.4 根据图 3.19 所示各真值表，画出电路图。

A	B	C	F
L	L	L	1
L	L	H	0
L	H	L	1
L	H	H	0
H	L	L	1
H	L	H	1
H	H	L	1
H	H	H	1

(a)

A	B	C	F
L	L	L	1
L	L	H	1
L	H	L	0
L	H	H	0
H	L	L	0
H	L	H	0
H	H	L	1
H	H	H	1

(b)

A	B	C	F
L	L	L	1
L	L	H	0
L	H	L	0
L	H	H	1
H	L	L	1
H	L	H	0
H	H	L	0
H	H	H	1

(c)

图 3.19　问题 3.4 的图

问题 3.5 画出具有二输入 XOR 和 XNOR 逻辑功能的 POS 电路。

问题 3.6 画出图 3.20(a)中网表所描述的电路图。根据图中的激励文件,在图 3.20(b)所示的时序图上以 100 ns 为间隔,画出所有的输入和输出,完成电路响应的时序图。

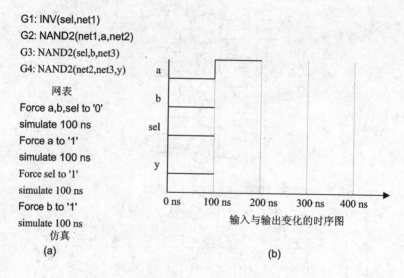

```
G1: INV(sel,net1)
G2: NAND2(net1,a,net2)
G3: NAND2(sel,b,net3)
G4: NAND2(net2,net3,y)
```
网表
```
Force a,b,sel to '0'
simulate 100 ns
Force a to '1'
simulate 100 ns
Force sel to '1'
simulate 100 ns
Force b to '1'
simulate 100 ns
```
仿真

(a)   (b)

图 3.20 问题 3.6 的图

问题 3.7 根据图 3.21(a)所示的仿真结果写出真值表,真值表应包括所有的输入和输出值;绘制一个可以产生这一波形的逻辑电路。

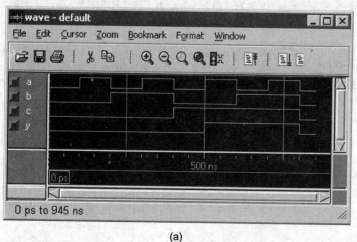

A	B	C	Y
0	0	0	
0	0	1	
0	1	0	
0	1	1	
1	0	0	
1	0	1	
1	1	0	
1	1	1	

(a)   (b)

图 3.21 问题 3.7 的图

问题 3.8 西雅图水手队在 6 个月中还没有成功盗垒过,教练发现之所以盗垒失败,是因为其他队已经发现了他对跑垒者的暗示。所以他发明了一套新的方法来向跑垒者暗示何时应该盗垒(拉耳朵(EAR),抬起一条腿(LEG),轻拍自己的额头(HEAD),鞠躬(BOW))。当且仅当教练轻拍自己额头的同时拉自己的耳朵并鞠躬,或是轻拍自己的额头并抬起腿但不鞠躬,或是拉自己的耳朵但不抬腿时,那么跑垒者就应该盗垒(STEAL)。绘制一个最简化的电路,使之可以用来表示跑垒者何时可以盗垒。

问题 3.9 一个房间有 4 扇门和 4 个灯开关(每扇门都有一个开关)。绘制一个四开关控制灯的电路图:每一个开关当前如果断开时,它能够将灯点亮;如果闭合,能够将灯熄灭。注意灯亮与灯灭不必与给定的开关位置有关,只要拨动任何开关都可以改变灯的状态。

第3章 逻辑电路结构与CAD工具简介

实验工程3 电路原理图绘制简介

学生

我提交的是我自己完成的作业。我懂得如果为了学分提交他人的作业要受到处罚。

姓名 _____ 学号 _____

签名 _____ 日期 _____

预计耗用时数

| 1 | 2 | 3 | 4 | 5 | 6 | 7 | 8 | 9 | 10 |

| 1 | 2 | 3 | 4 | 5 | 6 | 7 | 8 | 9 | 10 |

实际耗用时数

分数量值表
4：好
3：完整
2：不完整
1：小错误
0：未交

每迟交一周扣除总分的20%
得分＝评分(Pts)×权重(Wt)

实验室教师

序号	演示	Wt	Pts	Late	Score	实验室教师签名	日期	实验室分数
1	检查源程序与仿真文件	2						
2	电路演示	3						
3	电路演示	3						

等级

序号	项目	Wt	Pts	Score	第几周提交	分数	总分＝实验室分数＋得分表分数	总分
1	原理图和仿真	3						
2	原理图	3						
3	原理图	3						

引 言

本实验介绍 Xilinx 公司的 ISE/WebPack 原理图绘制与仿真工具，几个基本的设计用来说明这些工具的使用方法。

类似于 ISE/WebPack 这样先进的 CAD 工具，都有一个称之为"架构"的顶层图形界面，从该图形界面可以打开各个 CAD 工具。这一顶层界面又称之为工程导航器，就像原理图绘制、仿真和综合工具一样，可用来创建新工程，装载已有工程以及打开程序。工程导航显示了各个工具的状态、所有工作的进度,这样就不会忘了其中的某个步骤。

附录是创建、仿真并实现一个电路所需步骤的详细指南。

问题 3.1 使用 Xilinx 原理图绘制与仿真工具,输入并仿真以下 3 个电路。确保为输入和输出端口添加 I/O 标记(为输出信号加标记时确定选项改为"output"),用所有可能的输入组合对电路进行仿真,打印并提交原理图和仿真波形文件。这些电路不必下载到 Digilent 开发板上。

(1) $Y = A \cdot C + B \cdot C'$;
(2) $F = A \cdot B' + A' \cdot C + B \cdot C'$;
(3) $G = (A + B + C) \cdot (A' + B' + C')$。

问题 3.2 设计并实现满足下列要求的电路。使用 Xilinx CAD 工具绘制一幅原理图并进行仿真,然后在 Digilent 开发板上实现。打印并提交原理图,请实验室老师检查你的工作,完成后演示给实验室老师看。

Amy、Baker、Cathy 和 David 负责为"Overhead Coffee Company"购买咖啡豆。他们共同投票决定是否要购买。决定投票时有时使用不合常理的规则,但经验告诉他们某些票数的组合会产生更好的结果。设计并实现可以用来提示他们是否要买新咖啡豆的逻辑电路。用滑动开关作为投票输入("买"或"不买"),决定购买时二极管会发光。符合以下条件则下"买"的订单:

David 和 Baker 投 YES,或 Amy 投 NO 而 Cathy 投 YES,或 Amy 和 Baker 投 YES 而其他人投 NO,或 Cathy 和 David 投 NO,或他们都投 YES。

问题 3.3 有 8 个滑动开关,当滑动开关输出逻辑"1"的个数为奇数时,发光二极管点亮。设计并实现该电路,将它下载到 Digilent 开发板上,然后向实验室老师演示。打印并提交你的原理图。

附录 WebPack 原理图设计入门指南

Xilinx 公司的 WebPack CAD 软件,包括原理图绘制、仿真、实现和器件编程工具,所有与给定设计工程相关的文件和处理都可以由导航器来启动。导航器显示所有源文件和处理这些源文件的各种 CAD 工具,以及运行这些工具后得到的输出或状态信息和文件。

第3章 逻辑电路结构与CAD工具简介

1. 工程导航器

工程导航器(Project Navigator)是Xilinx ISE或WebPack工具的入口。工程导航器提供用户界面,用来管理所有和工程有关的文件及程序。屏幕被分成4个主要部分。源(Sources)窗口显示所有和设计相关的源文件。双击窗口上的文件名,它就会用合适的CAD工具打开。处理(Processes)窗口显示了所有对给定的源文件的处理过程(不同的源文件有不同的处理选项)。双击某一处理方法将会使其运行。状态(Status)窗口显示处理的状态,包括运行时所有的警告和错误。编辑器(Editor)窗口显示选定的HDL源文件的代码。工程导航器也会随需要打开其他窗口(例如,原理图绘制工具在一个独立的窗口打开)。大多数设计可以脱离工程导航窗口完成。

2. 新建工程

读者可以新建一个工程,也可以在工程导航器窗口中打开已有的工程(工程导航器可以在开始菜单中打开,或者双击桌面图标)。通常,需要为每个实验工程或每个新的设计生成一个新的工程。工程导航器可以配置成自动加载上一次关闭软件前使用的工程,或者不加载任何工程(见"properties"对话框),如图3.22所示。

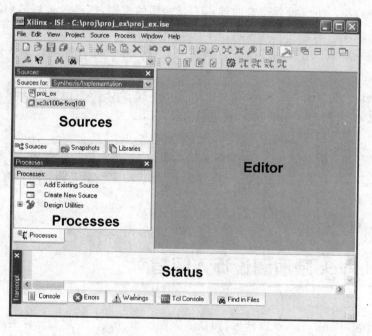

图3.22 工程导航器

从文件(File)下拉菜单中选择打开"新工程(New Project)"对话框,可以输入新工程所有的信息。在"工程名"框中输入直观的工程名(如"lab2"),在"工程路径(Project Location)"框中输入合适的路径。路径文件夹会存储所有的设计文件和中间文件,这样可以方便地从不同的位置(可应用的)选择安全、可备份的路径。"顶层源文件类型(Top_Level Source Type)"框在这里不是很重要,读者可以选择默认值(HDL),如图 3.23 所示。

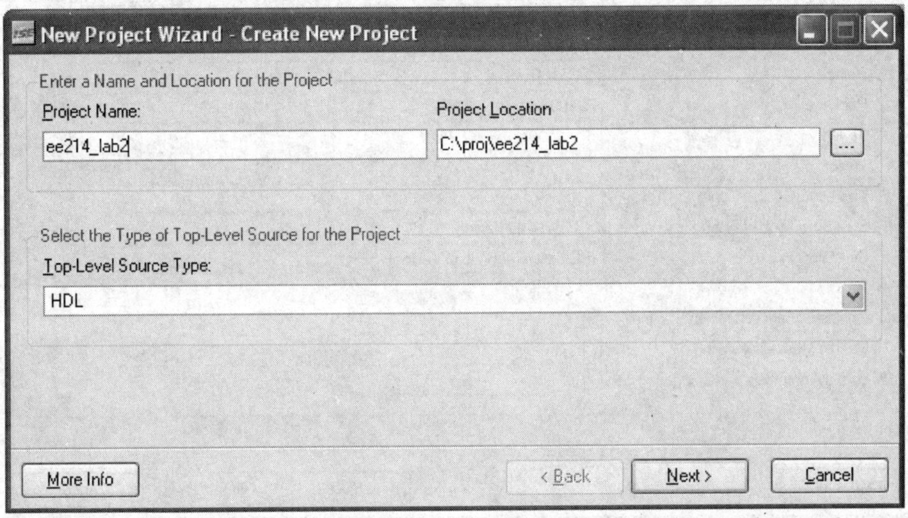

图 3.23 新工程对话框

单击"Next"按钮,将会显示"元器件属性"框(图 3.24)。这个框可将设计的某些参数与设计联系起来。"产品种类(Product Category)"部分用来帮助组织工程。这部分的输入不是很重要——读者可以简单地选择默认值"All"。"家族(Family)"和"器件(Device)"部分是告诉CAD 工具你所选择的目标芯片,这个信息对一些 CAD 工具的正常工作来说是必需的。对于 Basys 开发板,选择"Spartan3E"和"XC3S100E";对 Nexys 开发板,选择"Spartan3"和"XC3S200";对其他开发板,选择与开发板相关的家族和器件(读者可以通过检查芯片本身获取这些信息)。"封装(Package)"部分是让 CAD 工具知道你所选择的目标器件的芯片载体(或者芯片封装)——这个信息是必需的,这使得物理引脚能正常地分配到芯片的电路网路中。"速度(Speed)"部分也是需要的,仿真器所用的时序模型可以精确地模拟物理芯片的实际时间,这只是在你的设计需要非常精确仿真时才去考虑。

"顶层源文件类型"部分可为某些工具改变用户界面。此信息不是很重要,读者可以选择默认项"HDL"。对"综合工具(Synthesis Tool)",可以默认项"XST"(没有其他的选项,除非读者的计算机上安装了其他综合工具)。对"仿真器(Simulator)",读者可以使用软件包含的 ISE 仿真器,或使用 ModelSim‐SE 仿真器,前提是读者已经下载并安装了 ModelSim‐SE 仿真器(一般用 ISE 仿真器即可)。最后,对下边三个检查栏选择默认即可(即选中"Enhanced Design Summary",不选"the Message Filtering"和"Incremental Message"框)。

第3章 逻辑电路结构与 CAD 工具简介

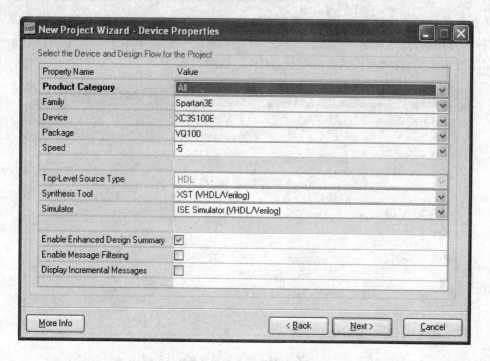

图 3.24 "元器件属性"框

单击"Next"按钮打开"Create New Source"对话框,在工程中创建新的源文件。该对话框便于在开始时生成新的源文件。在后面的设计中,读者可以发现这非常方便。但是现在,只需单击"Next"按钮,不需要添加任何信息。

"Add Existing Sources"对话框,允许读者向工程中添加已有的源文件。同样,以后在工程中添加源程序也很简单。此对话框方便开始时建立新的源文件,也可在后面的设计过程中建立新文件。目前,只需单击"Next"按钮,不需要添加任何信息。

然后出现工程概要窗口,显示出目前所输入的所有信息。单击"Finish"按钮,确认这些信息,进入新的工程。以后读者可以在工程中方便地修改信息,只要在源文件窗口中双击工程名即可。

弹出的屏幕如图 3.25 所示,从中可看到以上所述,读者可以定义工程中所要用到的源文件。

在这个指南中,首先做基于原理图的工程,随后再做基于 VHDL 的工程。

3. 原理图绘制

为了创建新的原理图,在"处理(Processes)"窗口中双击"Create New Source"弹出"Select Source Type"对话框,可以定义新的源文件。从源文件类型的列表中选择"Schematic",在框中输入文件名和路径,选中"add to project"框,单击"Next"按钮,调出新的源文件概要框。单

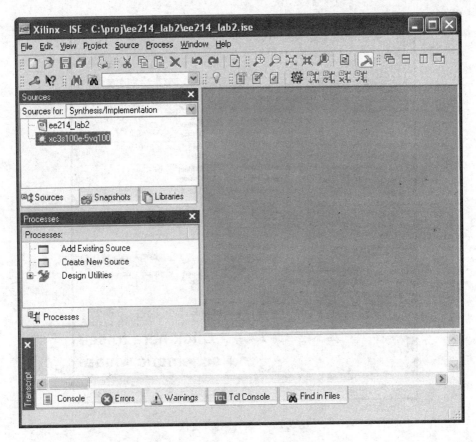

图 3.25 "工程概要"窗口

击"Finish"按钮进入原理图编辑窗口(如果想打开"设计概要"窗口,单击编辑器窗口底部的"filename.sch"标签——见图 3.26)。

原理图编辑器只是一个简单的空白面板,可以添加图形(描述电路元器件)和线条(表示连线)。使用工具栏或者下拉菜单选项,读者可以更有效地使用原理图工具。通常情况下,工具栏和下拉菜单提供同样的功能,但是下拉菜单提供了一些特殊的功能,建议尝试使用。

要画出原理图(图 3.27),必须添加元件并用连线连接。为了增添元件,可以单击"Add Symbol"(或"component")工具条按钮,使元件库以菜单形式显示在原理图输入窗口的左边。菜单中的元件取决于新工程建立时选择的器件家族——不同的家族有不同的框图符号库。在种类"Categories"下,选择逻辑库"Logic",这就限制符号菜单只显示比较基本的逻辑单元,如 AND 或 OR 门。要增加一个特定的元件,可以滚动菜单查找它,或在菜单下面的框中键入名字。元件加入后还可以移走,所以最好开始时就添加所有需要的元件,然后把它们重新排列成整齐的电路。所选择的元件可通过"拖曳"的方式放到原理图绘制面板中。

第 3 章 逻辑电路结构与 CAD 工具简介

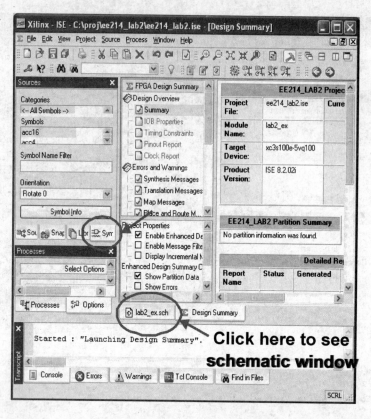

图 3.26 "设计概要"窗口

在本例中,需要创建一个逻辑表达式为 $Y = A \cdot B + B' \cdot C$ 的电路。这个电路需要 2 个 and2 门、一个 or2 门和一个 inv 门。这些元件可以从上面所述的元件菜单中选择后添加到原理图中,拖曳至电路图窗口。一旦所需的元件放置好后,可以通过"add wire"工具按钮连线,然后单击源元件和目标元件引脚。当用连接线连接元件时,确保所有的元件引脚间有连接线,有时很难知道反相器和与门间是否有连接线存在。通常,应该在元器件间使用连接线以确保元件的引脚不会直接接触。在屏幕区域内双击可以终止连线。通过选择"Add Wire Name"按钮添加连接线标签,然后选择连接线,或使用双击连接线的方式来添加连接线名。通过选择 "Add I/O marker"按钮(读者可以区别电路的输入、输出端口(不同于内部节点),单击输入或输出线的端点即可鉴别),可以为每个 I/O 端口自动分配唯一的默认名。如果要修改默认名,单击"select cursor"工具条按钮(或单击"escape"键,进入选择模式),然后在原理图上双击 I/O 标记。在弹出的窗口中,可以在名字区域内重新输入新名字。如果读者所画的原理图如图 3.28 所示,将原理图保存。

第 3 章 逻辑电路结构与 CAD 工具简介

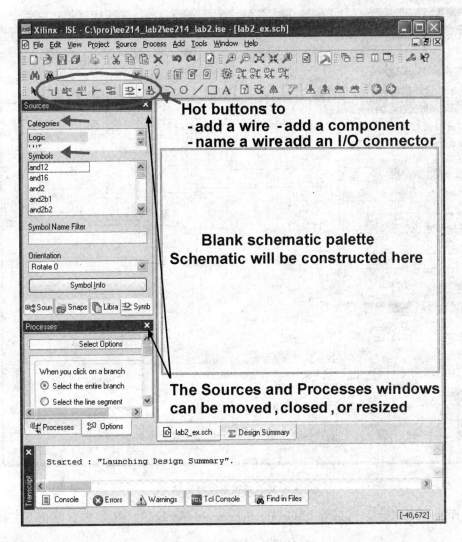

图 3.27 原理图绘制窗口

4. 层次化设计

除最简单的电路外，为了提高电路的可读性，可将电路中定义好的一部分封装在一起称作宏(macro)或符号(symbol)(就像计算机程序一样，一些经常使用的代码放在一个子程序中)。当生成一个宏以后，重要的是确保所有的输入和输出都有 I/O 标记且被命名。这些名字将出现在宏符号引脚的标签上。宏可从任何一页的原理图中生成，而且原理图中任何东西都可以放在宏符号中。为了创建给定原理图的宏，在源文件窗口顶部的"源处理(Sources Process)"菜单中选择"Synthesis/Implementation"并在同一窗口的底部选择"Sources"标签，在处理窗

第3章 逻辑电路结构与 CAD 工具简介

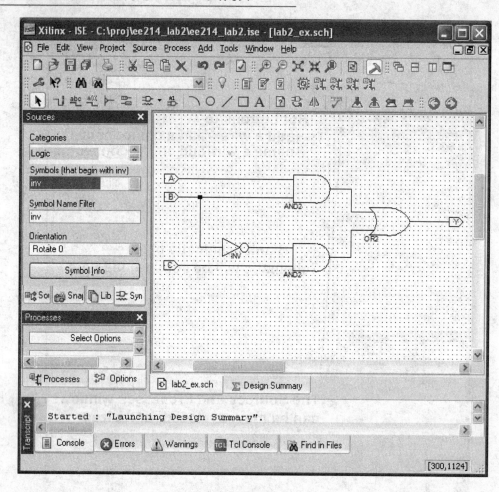

图 3.28 原理图绘制示例

口中,选择"process"标签,然后双击"Create Schematic Symbol"。图 3.29 显示出了关键的几个步骤。

宏生成后,可以把它加到读者的工程中,而且可以当作元件添加到任何一个新的原理图中(图 3.30)。为了查看宏的符号,必须生成新的原理图,向其添加符号。单击源文件窗口中的"sources"标签,然后单击处理窗口中的"process"标签。双击"Create New Source",生成一个新的原理图。打开后,单击源文件窗口底部的"符号标签(Symbol Tab)"。在"Categories"下拉菜单中会出现保存工程的路径,选择路径,符号列表中读者所完成的所有电路符号都可用。在符号下拉菜单中选择电路宏名并且选择"Add Symbol"热键,可以把新生成的符号拖到原理图中。在原理图中添加 I/O 端口和连接线,保存所做的工作。用这些基本的方法,可以生成任意复杂的电路原理图。

第3章 逻辑电路结构与 CAD 工具简介

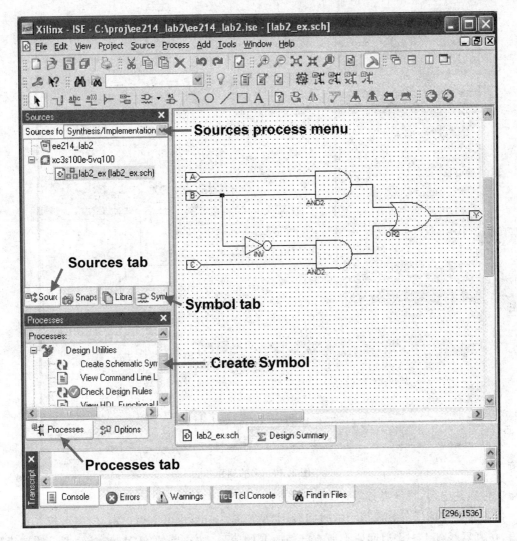

图 3.29 原理图封装步骤

5. 基本逻辑仿真

设计者可以在电路硬件完成之前，使用逻辑仿真器观察电路的输出对各种输入组合的响应。对电路进行仿真，或许是工程师确保电路满足所有性能并预防不希望发生的行为的最好方法。对大型设计而言，仿真比设计和检测硬件原型成本低得多，而且更不容易出错。如果在仿真时电路输出端出错，改正电路容易，并可根据需要重新仿真。

仿真器需要两种输入：描述电路的源文件和仿真时各逻辑输入取值的集合。描述电路的源文件必须是 HDL 文件；原理图生成后，保存之后会自动生成 HDL 文件。无论用何种类型

第3章 逻辑电路结构与CAD工具简介

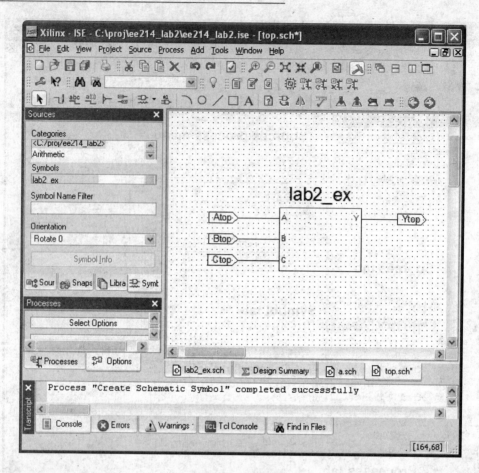

图 3.30 宏的调用

的源文件描述电路,设计者必须定义输入激励。

  仿真器把总的任务分成很小的时间段(典型值是 10 ps,也可由用户定义)来运行。每个时间段,仿真器找到上一个时间段上所有已经改变的信号,按电路的 HDL 源文件指示的那样处理这些信号。随着处理结果的改变,输出信号必须改变,接着在下一个时间段中改变这些信号(信号不能在随后的一段时间内立即改变,因为信号不能瞬间改变电压值)。

  不同的仿真器用不同的方法定义输入信号,对大多数仿真器至少有三种方法,包括图形界面方法、基于文本文件的方法和命令行方法。任何一种方法都可以被 ISE 仿真器采用,其中包括 Xilinx 公司的 ISE/WebPack CAD 工具。当输入信号较少(20 左右)时图形界面最有用,它要求整个仿真期间信号的变化相对较少(例如,20 路信号在 0 和 1 之间只有二三十次变化)。当处理大量的输入信号(可能数百个输入)时,或者有大量的信号改变的时候(可能好几万个),这时用图形界面方法非常麻烦。在这种情况下,可以使用基于文本文件的方法。采用命令行的第三种方法,最有用的是使一些信号改变1或2次,通过快速调整使基于图形或基于文本的仿真结束。

ISE 仿真器是最先进的工具,拥有很多种功能,可以帮助工程师生成仿真输入、编辑电路描述、分析电路的输出。这里只介绍 ISE 图形界面最基本的功能,更多的功能将在以后介绍。本书的后续部分将会介绍基于文本的激励文件的生成。

6. ISE 仿真器图形用户界面

ISE 工具采用图形界面的方法,显示定义的输入波形和仿真器产生的输出信号(图 3.31)。通过鼠标的点放(point and click),可以在输入信号的输入波形上设置逻辑电平。一旦定义了输入信号,读者可以运行仿真器来计算和显示输出信号。

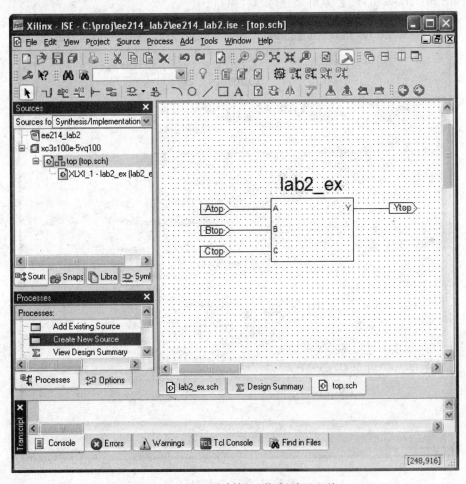

图 3.31 建立测试输入(激励)波形文件

第3章 逻辑电路结构与CAD工具简介

运行仿真器之前,必须定义输入波形。定义输入波形,可以通过双击处理窗口中的"Create New Source"生成新的"Test Bench Waveform"源文件(读者可能需要在"Sources"窗口中单击"Sources"标签,并在"Processes"窗口中单击"Processes"标签,才能看到"Create New Source process"选项)。

从"新的源文件(the New Source)"对话框中,选择"Test Bench WaveForm",键入适当的文件名,选择文件的当前路径,并确保选中"Add to project"框。单击"Next"按钮,在打开的对话框中选择需要仿真的原理图文件的名字——这里选择最顶层的原理图,它包括之前建立的宏。单击"Finish"会弹出"初始计时"框(图3.32)。在"初始计时"框中设置一些管理仿真器运行的参数,一般情况下大部分不需要关心。选中"Combinatorial (or internal clock)"单选按钮,单击"Finish"按钮,就会弹出"波形观察"窗口。

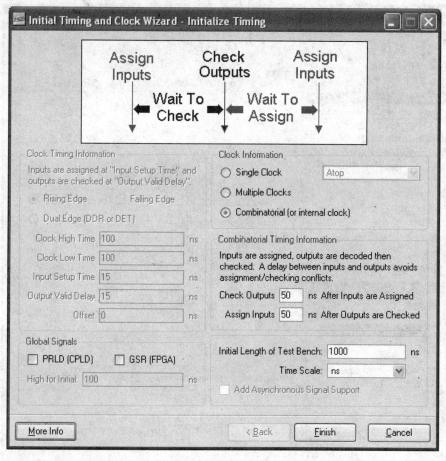

图3.32 波形编辑窗口

打开波形编辑窗口后,所有的"顶层"信号都呈现在窗口的左边(顶层信号,顾名思义,就是那些已经附上输入和输出标记的信号)。输入信号的名字在波形图标旁边,有一个指向右边的蓝-绿箭头;输出信号的名字也在波形图标旁边,有一个指向左边的黄色箭头。时间标尺横跨窗口顶部,每一路信号当前的逻辑电平("0"或"1")显示在信号名和波形之间的列中。从信号名的右边直至窗口末端,时间标尺下面的栅格区域可以定义输入信号的值,也可以定义输出信号的"期望值"。

在给定时间点上,简单单击"波形观察"窗口上的波形就可以定义输入信号的值。每单击一下波形,波形就会翻转到相反的状态。在这个界面中,可以用三个输入信号生成输入波形,用它们所有可能的组合(图 3.33)驱动输入。也可以用同样的方法为输出信号输入期望值。但是输出逻辑电平只是用来检查由仿真器生成的输出——它们不会驱动输出信号。期望值定义了期望的输出,当仿真输出和期望输出不符合时,仿真器会发出警告或错误信息;否则不会报错。

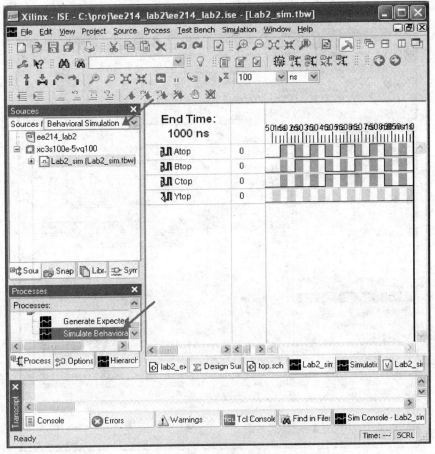

图 3.33 仿真输入波形

第3章 逻辑电路结构与 CAD 工具简介

观察图 3.33 中的图形,注意"Atop"信号定义了一个有规则的时间窗,所有的输入都是稳定的。这样的时间窗被称为"向量"(或"测试向量")。从定义上看,向量被时间窗定义为在此期间所有的输入均是稳定的。相邻向量间的边界由一个或多个信号状态的变化所定义,因此向量在整个仿真过程中是非重叠且无缝隙的。一般情况下,向量的持续时间相同,但也不完全是这样。一个好的仿真包括足够多的向量,使得设计中所有的信号都可取到"0"和"1"两种值。通常,"向量"一词应用于给定时间段内输入信号与输出期望值的集合(注意,输出信号可能会在向量的中间改变状态,这取决于所仿真的电路中的时间延迟)。

7. 运行仿真

定义完所有的波形后,读者可以通过双击处理窗口中的"Simulate Behavioral Model"运行仿真(图 3.33)。仿真完成后,工程导航器中会增加两个新窗口。"Simulation"窗口不仅显示了仿真的输出,而且显示了期望值与仿真输出不同时的"错误"信息(图 3.34)。这个窗口可以缩小和放大,因此读者可以研究信号转变时的细节。

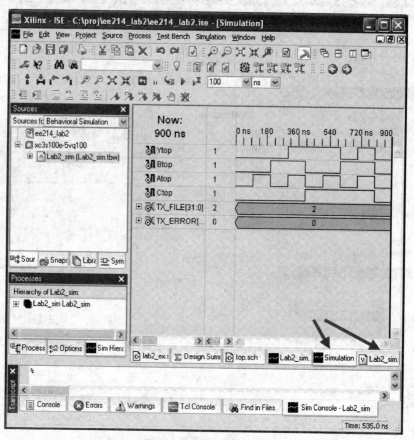

图 3.34 仿真输出波形

第 3 章 逻辑电路结构与 CAD 工具简介

单击"filename.tfw"的标签，可以打开另一个窗口，该窗口显示波形编辑器自动生成的源文件。这个源文件是一个波形图显示向 Verilog 的转化，这是仿真器使用的语言。到目前为止，读者可以不用考虑这个窗口。

任何一个电路可以用这些基本的工具和方法来仿真。仿真器包括本章已经讨论过的许多功能。可以使用仿真器多做一些实验工程，而且可以从该工具和 Xilinx 网站上查阅相关的文档资料。

设计过程的最后一步是第 2 章中讨论的下载 .bit 文件。

第 4 章 逻辑化简

4.1 概 述

新的逻辑电路设计的需求通常以自由的、非形式化的方式表示。将非形式化的行为描述转变为符合要求的高效、高质量的电路，必须要开发出合理的工程设计方法。例如，一个新设计描述如下："有一盏警报灯，除了正常的供电系统外，还有备用电源，在下列几种情形下警报灯应点亮：① 主电源断电；② 主电源良好，备用电源电压低于 48 V；③ 电流超过 2 A；④ 电流超过 1 A 且备用电源电压低于 48 V。"最初的工程任务就是更简洁地表示这一需求，即 WL<=(not P) or (P and not R) or C2 or (C1 and R)(译者注：最后一项应为(C1 and not R))。该式去掉了文字描述中所有含糊不清之处，而且可直接用两个 2-输入与门和一个 4-输入或门来搭建逻辑电路。但所有的输入条件可写成 WL<= not P or not R or C1 or C2)，由此可用一个更简单的 4-输入或门来搭建功能完全相同的逻辑电路。很显然，搭建更简单的电路可以更快、更方便可靠且费用更低。除此之外，另一项工程任务就是分析逻辑设计的需求，找出逻辑关系的最简表达式。

阅读本章前，你应该：
- 学会阅读并能搭建基本逻辑电路；
- 理解逻辑表达式，并能够根据逻辑表达式搭建简单的逻辑电路；
- 懂得怎样操作装有 Windows 操作系统的计算机以及 Windows 程序。

本章结束后，你应该：
- 能够化简任何给定的逻辑系统；
- 了解在基本电路设计中如何使用 CAD 工具；
- 使用 Xilinx ISE 原理图编辑器来搭建任何给定的组合逻辑电路；
- 能够仿真任何逻辑电路；

- 能够分析逻辑仿真器的输出结果并验证所设计的电路的正确性。

完成本章,你需要准备:
- 一台装有 Windows 操作系统的个人计算机;
- Xilinx ISE/WedPack 软件;
- 一块 Digilent FPGA 开发板。

4.2 背景介绍

数字逻辑电路由一些逻辑门、驱动逻辑门的输入信号以及逻辑门产生的输出信号组成。逻辑电路行为需求的最好表示方式就是真值表和逻辑方程,也就是说,在逻辑电路中的任何设计问题都可用其中的一种方式表示。这两种方式都定义了逻辑电路的行为,即输入是如何组合在一起驱动输出的,但它们都没有指明如何搭建满足需求的具体电路。本章的目的是详细说明基于行为描述产生最佳逻辑电路的工程设计方法。

对任一特定的逻辑关系,真值表只有一个,但可用许多不同的逻辑方程和逻辑电路来描述和实现同一逻辑关系。一个给定的真值表会有不同(实际等同)的逻辑方程和逻辑电路,因为电路中总是可以增加或删除一些逻辑门而不改变其逻辑输出。以第 3 章的逻辑系统为例(重绘于图 4.1),系统的行为由图中的真值表定义,但它可由图中任一逻辑方程及其相应的逻辑电路实现。

图 4.1 中的 6 个电路,其功能相同,这就意味着它们的真值表相同,但它们却有不同的物理结构。如图 4.2 所示的黑盒子,它有 3 个输入按钮、两个发光二极管以及两个驱动发光二极管的独立电路。如图 4.1 所示的 6 个电路中的任何一个,都可以驱动黑盒子中的发光二极管,一个观察者以任意组合按下按钮都无法判别出是哪个电路驱动了哪个发光二极管。不论使用的是哪个电路,某种按钮组合按下时,发光二极管都完全以相同的方式被点亮。如果要根据这一逻辑关系从中选择一个电路,那么首先必须定义什么样的电路是最佳的,并可以提供一种确保能够找出这种最佳电路的方法。

图 4.1 中上面的两个电路就是所谓的"规范的电路"(canonical),因为它们包含了所需的最小项和最大项。规范的电路一般都会消耗大量的资源,但概念简单。除了规范的电路外,还有标准的 POS 和 SOP 电路——这两种电路行为上与规范的电路是相同的,但它们使用的资源更少。很明显,搭建标准的 POS 或 SOP 电路几乎不会浪费资源。此外,在标准电路中,用最少三极管门电路或其他等价电路(如 NAND/NOR 逻辑门)取代逻辑门电路,就会得到最简化的 POS 和 SOP 电路,如图 4.1 中下面的电路所示。

作为一名工程师,主要目的是有效地实现电路。最有效的电路应该是所用三极管数量最少的电路,或工作速度最高的电路,或功耗最低的电路。但这三个标准通常不能同时满足,所

第4章 逻辑化简

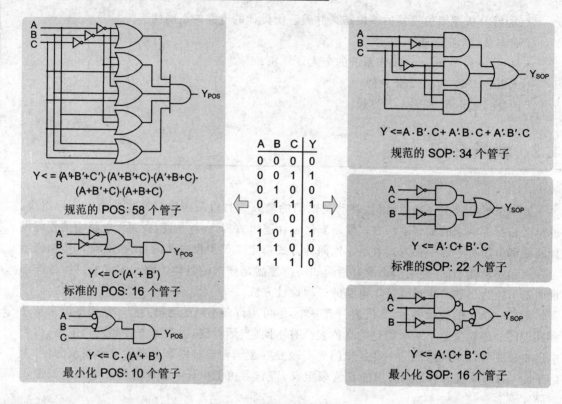

图 4.1 功能相同的不同电路

以工程师必须在以下三方面作出平衡:复杂度与工作速度,工作速度与功耗,功耗与复杂度。这里可以将最有效率的电路定义为使用三极管最少的电路,其次再考虑速度和功耗。由于将三极管最少作为衡量效率的标准,接下来看一看"最简化"的电路。要在各种电路中找出最简化的电路,最好的办法是找出哪个电路需要三极管的数量最少。现在,可以用一个更简单的方法,即定义最简化

图 4.2 黑匣子

电路就是逻辑门的数量最少的电路(如果两种电路使用的逻辑门数相同,则逻辑门输入最少的电路就是最简化的电路)。图 4.3 中给出了电路的逻辑门以及输入的数量。非门不计算在内,因为它们通常与逻辑门组合成一个逻辑单元。

通过消除所有不必要或重复输入,可以得到给定逻辑系统的最简逻辑表达式。任何输入,如果去除后并不改变其输入/输出关系都算是重复输入。所以,为了找出最简表达式,首先要消除重复输入。在如图 4.1 所示的真值表中,1、3 行产生的 SOP,输入 A 都是"0",输入 C 都是"1",而输入 B 一个是"0",而另一个是"1"。这样,在这 1、3 两行中,不管输入 B 是"0"还是"1",输出始终都是"1",因此,输入 B 就是重复输入。

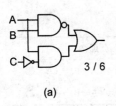 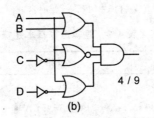 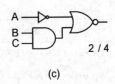

图 4.3　电路的最简化

"最简化"逻辑系统的目的就是通过消除所有重复输入来确定逻辑系统的最简表达形式。对一个有 N 个输入的逻辑电路来说，就有 2^N 种逻辑功能。对于每一种逻辑功能，都有最简化的 SOP 形式和 POS 形式。SOP 形式可能比 POS 形式更简化，或是 POS 形式比 SOP 形式更简化，或两者完全等同（如它们有相同的逻辑门和逻辑输入）。一般来说，很难直接从一个真值表中得到最简表达形式。不过现在，已经出现了一些方法来辅助化简，包括布尔代数、逻辑图以及搜索法。尽管每种方法都可以用笔纸来算，但在计算机中使用搜索法更为简单有效。

4.3　布尔代数

在所有逻辑表达式的化简方法中，布尔代数也许是最古老的方法。它提供了一种形式化的代数系统来处理逻辑表达式，从而可以找出更为简化的逻辑表达式。该代数系统包含有 3 个元素的集合{"0","1","A"}（其中，A 是值可取"0"或"1"的任意变量），两个二进制运算符（与运算或者交运算，或运算或者并运算），还有一个一元操作（取反或补运算）。集合元素之间的运算仅限于这三种操作。与、或、非的基本运算法则可以从真值表中得到（表 4.1）。结合律、交换律以及分配律也可以直接用真值表来表示（表 4.2）。表 4.3 是分配律的真值表。在此没有给出表示结合律和交换律的真值表，读者可自己画出来。

表 4.1　常量与常量以及常量与变量之间的逻辑关系

AND 运算		OR 运算		INV 运算	
真值表	定律	真值表	定律	真值表	定律
0·0=0	A·0=0	0+0=0	A+0=A	0′=1	A″=A
1·0=0	A·1=A	1+0=1	A+1=1	1′=0	
0·1=0	A·A=A	0+1=1	A+A=A		
1·1=1	A·A′=0	1+1=1	A+A′=1		

在逻辑运算中，与运算的优先级高于或运算。括号可以消除可能出现的各种歧义，因此，下面两个式子都是左右相等的逻辑方程：

第4章 逻辑化简

$$A \cdot B + C = (A \cdot B) + C, \quad A + B \cdot C = A + (B \cdot C)$$

表 4.2 逻辑运算基本定律

结合律	交换律	分配律
$(A \cdot B) \cdot C = A \cdot (B \cdot C) = A \cdot B \cdot C$	$A \cdot B \cdot C = B \cdot A \cdot C = \cdots$	$A \cdot (B+C) = (A \cdot B) + (A \cdot C)$
$(A+B)+C = A+(B+C) = A+B+C$	$A+B+C = B+C+A = \cdots$	$A+(B \cdot C) = (A+B) \cdot (A+C)$

表 4.3 用真值表验证分配律

A	B	C	A+B	B+C	A+C	A·B	B·C	A·C	A·(B+C)	(A·B)+(A·C)	A+(B·C)	(A+B)·(A+C)
0	0	0	0	0	0	0	0	0	**0**	**0**	**0**	**0**
0	0	1	0	1	1	0	0	0	**0**	**0**	**0**	**0**
0	1	0	1	1	0	0	0	0	**0**	**0**	**0**	**0**
0	1	1	1	1	1	0	1	0	**0**	**0**	**1**	**1**
1	0	0	1	0	1	0	0	0	**0**	**0**	**1**	**1**
1	0	1	1	1	1	0	0	1	**1**	**1**	**1**	**1**
1	1	0	1	1	1	1	0	0	**1**	**1**	**1**	**1**
1	1	1	1	1	1	1	1	1	**1**	**1**	**1**	**1**

摩根定律在保持特性不变的前提下,为逻辑门符号的改变提供了形式化的代数表示:同一逻辑电路被解释为既可以用与门实现,也可以用或门表示,依赖于输入和输出电平如何解释。摩根定律适用于输入和状态数量任意的逻辑电路。

$$(A \cdot B)' = A' + B' \quad \text{(与非形式)}$$
$$(A+B)' = A' \cdot B' \quad \text{(或非形式)}$$

布尔代数的定律通常支持异或函数,当然摩根定律例外。回顾前面的论述,当奇数个输入信号有效时,异或的输出信号有效;当偶数个输入信号有效时,同或的输出信号有效。对异或函数,其中一个输入信号取反或输出信号取反,都会变成同或函数;类似地,对同或函数,其中一个输入信号取反或输出信号取反,也会产生异或功能(图 4.4)。同时对一个输入和输出信号取反,或是对两个输入取反,不会改变其输出功能。这一特性使得可用任意输入数量的异或运算来表示摩根定律:

$$F = A \text{ xnor } B \text{ xnor } C \Leftrightarrow F <= (A \oplus B \oplus C)' \Leftrightarrow F <= A' \oplus B \oplus C \Leftrightarrow F <= (A' \oplus B' \oplus C)' \text{ 等};$$
$$F = A \text{ xor } B \text{ xor } C \Leftrightarrow F <= A \oplus B \oplus C \Leftrightarrow F <= A' \oplus B' \oplus C (\Leftrightarrow F <= (A \oplus B' \oplus C)' \text{ 等}.$$

注意,多输入异或电路中,一个输入信号取反可以被转移到其他任何一个输入上,而不改变其逻辑输出结果。同时也要注意,任何信号的取反都可以用同或运算和一个不取反的信号来代替。这些性质在后面的讨论中是很有用的。

如图 4.5 所示电路也阐明了布尔代数定律。

第 4 章 逻辑化简

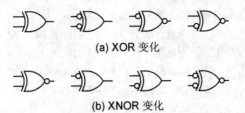

(a) XOR 变化

(b) XNOR 变化

图 4.4 异或与同或门的改变

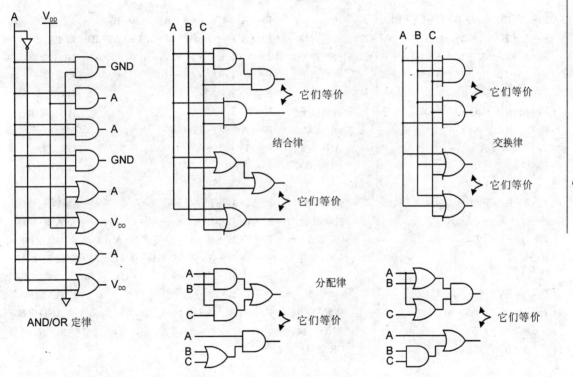

图 4.5 电路表示的逻辑运算定律

下面举例说明如何使用布尔代数寻找更简单的逻辑表达式。

F=A·B·C+A·B·C′+A′·B·C+A′·B
F=A·B·C(C+C′)+A′·B·(C+1) 提取因子
F=A·B·(1)+A′·B·(1) OR 定律
F=A·B+A′·B AND 定律
F=B·(A+A′) 提取因子
F=B·(1) OR 定律
F=B AND 定律

F=(A+B+C)·(A+B+C′)·(A+C′)
F=(A+B+C)·(A+C′)·(B+1) 提取因子
F=(A+B+C)·(A+C′)·(1) OR 定律
F=(A+B+C)·(A+C′) AND 定律
F=A+((B+C)·(C′)) 提取因子
F=A+(B·C′+C·C′) 分配律
F=A+(B·C′+0) AND 定律
F=A+(B·C′) OR 定律

第4章 逻辑化简

F=(A·B·C)'+A'·B·C+(A·C)'	
F=(A'+B'+C')+A'·B·C+(A'+C')	摩根定律
F=A'+A'+(A'·B·C)+B'+C'+C'	交换律
F=A'·(1+1+B·C)+B'+C'	提取因子
F=A'·(1)+B'+C'	OR定律
F=A'+B'+C'	AND定律

F=(A⊕B)+(A⊕B')	
F=A'·B+A·B'+A'·B'+A·B	XOR表达式
F=A'·B+A'·B'+A·B+A·B'	交换律
F=A'·(B+B')+A·(B+B')	提取因子
F=A'·(1)+A·(1)	OR定律
F=A'+A	AND定律
F=1	

F=(A⊕B)'+A·B·C+(A·B)'	
F=A'·B'+A·B+A·B·C+(A'+B')	摩根定律
F=A'·B'+A'+B'+A·B+A·B·C	交换律
F=A'·(B+1)+B'+A·B·(1+C)	提取因子
F=A'+B'+A·B	OR定律
F=A'+(B'+A)·(B'+B)	提取因子
F=A'+(B'+A)·(1)	OR定律
F=A'+B'+A	AND定律
F=1	OR定律

F=(A'+B')'+(A+B)'+(A+B')'	
F=(A')'·(B')'+(A'·B')+(A'·B)	摩根定律
F=A·B+A'·B'+A'·B	NOT定律
F=A·B+A'·(B'+B)	提取因子
F=A·B+A'·(1)	OR定律
F=A·B+A'	AND定律
F=(A+A')·(B+A')	提取因子
F=(1)·(B+A')	OR定律
F=A'+B	AND/可交换

F=A+A'·B	=A+B	
F=(A+A')·(A+B)		提取因子
F=(1)·(A+B)		OR定律
F=A+B		AND定律

F=A·B'+B'·C+A'C	=A·B'+A·C'	
F=A·B'+B'·C·1+A'·C		AND定律
F=A·B'+B'·C·(A+A')+A'·C		OR定律
F=A·B'+A·B'·C+A'·B'·C+A'·C		分配律
F=A·B'·(1+C)+A'·C·(B'+1)		提取因子
F=A·B·(1)+A·C'·(1)		OR定律
F=A·B'+A·C'		AND定律

F=A·(A'+B)	=A·B	
F=(A·A')+(A·B)		分配律
F=(0)+(A·B)		AND定律
F=A·B		OR定律

左边最后两个例子表示的逻辑关系称为"吸收"定律,右边最后的例子表示的是"一致性"定律。所谓的吸收定律可以用其他定律来表示,所以用它来作为逻辑定律不太恰当,也不太方便,尤其是不同形式的表达式是否适合应用该定律很难确定。一致性定律很容易写出来,在表达式的项上先与一个"1",然后将"1"扩展为一个或运算,并且和原来的与门做与运算(如果不太明显,一般都用这种方法)。

4.4 逻辑图

逻辑系统化简时,真值表的作用不是很明显,布尔代数方法也有其局限性,而逻辑图却为逻辑系统化简提供了最简单和最有效的手工方法。逻辑图和真值表所包含的信息是完全一样的,但是从逻辑图中可以很容易看出重复的输入。逻辑图为二维结构(有时甚至是三维),其含有的信息量与真值表等同。逻辑图以阵列的方式排列信息,所以这些信息在逻辑图中是连续的,逻辑关系也可以很容易确定下来。真值表中的信息可以很方便地重构于逻辑图中。如图 4.6 所示,一个三输入的真值表映射到一个 8 单元逻辑图中,其中逻辑图的单元数就是真值表的行数。

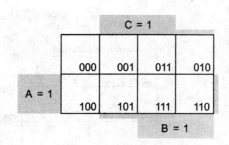

图 4.6 真值表与逻辑图

逻辑图中的单元和真值表的行之间存在着一对一的映射关系。单元的排列方式使得每个逻辑变量域用一组 4 个相连的单元来表示(A 域是 4 个单元的行,B 和 C 是 4 个单元的块)。逻辑图中单元的排列方式并不是唯一的,但图中的这种排列方式很有用,使得每个域与其他域都有两个单元相重叠。如图 4.7 所示逻辑图中逻辑域是连续的,但是在真值表中它们并不连续。正是这样连续的逻辑域使它们非常有用。

一般都会在逻辑图的边界写上变量名,在对应的行列上写上 1 或 0 表示该变量的值。图 4.8 是一张典型的逻辑图。注意,逻辑图边界的变量值要根据真值表中对应的值按从左到右的顺序写。例如,在如图 4.8 所示的真值表中,有阴影部分的一行,A=1,B=0,C=1,就与逻辑图的阴影部分相对应。

真值表中的输出列的信息也被转移到逻辑图相应的单元中,所以逻辑图和真值表含有的信息是相同的。在逻辑图中,出现相邻的 1(可以是水平方向或垂直方向)就称为"逻辑相邻",而这些逻辑相邻可用来发现并消除冗余的输入。这种逻辑图就称为卡诺图(Karnaugh map,K 图)。

图 4.9 给出了一个四输入的真值表映射到 16 单元的 K 图中。

第4章 逻辑化简

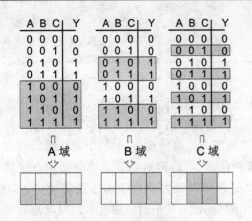

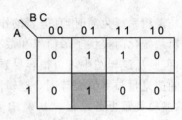

图 4.7 逻辑域在真值表中对应的位置　　　　图 4.8 典型的逻辑图

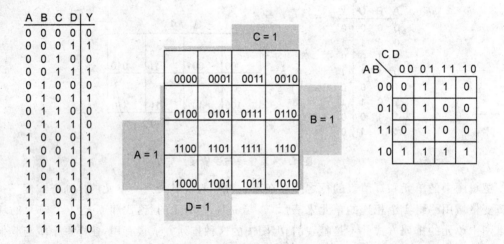

图 4.9 真值表与卡诺图

使用 K 图找出并消除逻辑系统中的重复输入,关键在于确定 SOP 等式中所有 1 的"组",或 POS 等式中所有 0 的"组"。一个有效的组,它的元素的个数必须是 2 的整数次幂(即有 1、2、4、8、16 个元素的组才是有效组),同时,该组必须是方形或矩形,不能是对角形、弯曲的或其他不规则形状。在 SOP-K 图中,每一个"1"都必须至少属于一组,并且每一个"1"要属于其中最大的组(在 POS-K 图中,0 也类似)。由于要求所有的 1(或 0)都要组合在一起,并属于其中最大的组,所以有些 1(或 0)同时属于好几组。实际情况下,在 K 图上用环形圈将各组 1(或 0)圈起来。当图中所有的 1 都在其最大的环形圈内时,分组过程就结束了,可以直接从 K-图中写出逻辑表达式。如果分组正确,得到的表达式就是最简逻辑表达式。

写出每个圈定义的乘积项,并将它们"或"在一起,就从 K 图中获得了 SOP 逻辑表达式。类似地,写出每个圈定义的和项,并将它们"与"在一起,就从 K 图中获得了 POS 逻辑表达式。

圈中的项由 K 图外围的逻辑变量定义，SOP 圈使用最小项因子(输入变量的"0"域使该变量在圈的乘积项中以补形式出现)，POS 圈使用最大项因子(输入变量的"1"域使变量在圈的和项中以补的形式出现)。如果圈住的逻辑变量域既有"1"也有"0"，那么该变量就是多余的，不会出现在圈的那一项中。再次强调，圈内的逻辑变量，其变量域只能是"1"或"0"。图的边界与其相对的边界是连续的，这样圈就可以圈住边界而不用把中间的"1"和"0"的组全包括进来(图 4.10 中的例子说明了这一过程)。

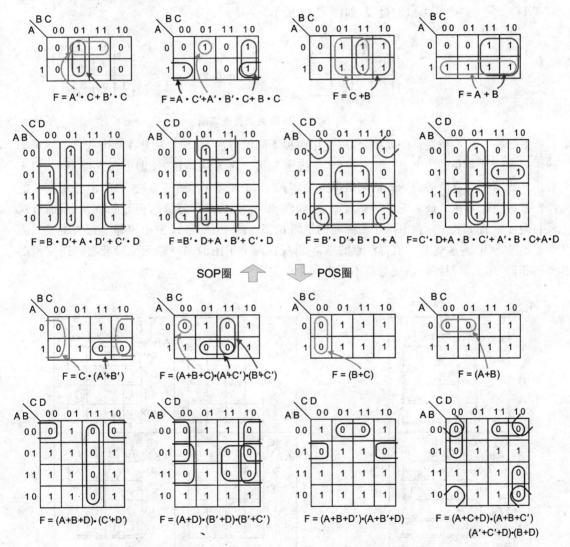

图 4.10　SOP 圈和 POS 圈

第4章 逻辑化简

K图一般只在输入变量为2、3、4、5、6的系统中使用(超过6个变量,该方法就不灵便了)。输入变量为2、3、4的系统中,该方法非常直观,下面通过几个示例加以说明。通常情况下,先把1(或0)组成的圈画出来,至少有一个元素属于这个圈。在画圈的时候,要保证所有的1(0)都至少在一组中,并且没有冗余的圈存在(即圈住的1或0已包含在其他圈中)。

最小项SOP表达式和最大项POS表达式可以很简单地转换为K图,只需将1(SOP表达式)和0(POS表达式)放到表达式所列的单元中。对SOP表达式中没有列出的单元填上0。对于POS表达式也有类似的过程,如图4.11所示。

	BC						BC			
A	00	01	11	10		A	00	01	11	10
0	0	1	1	0		0	0	1	0	1
1	0	1	0	1		1	1	1	0	1

$F=\Sigma m(1,3,5,6)$ ⇒ （左图）　　$F=\Pi m(0,3,7)$ ⇒ （右图）

图4.11　SOP、POS表达式与卡诺图

对于有5或6个变量的系统,可以使用两种不同的方法:一种方法是在1个或2个变量K图中嵌入一个4变量的K图,组成一个"超级图";另一种方法是用"K图中加入变量"。用来写出5或6个变量最简表达式的超级图方法,与2、3、4变量K-图的方法一样,但是4变量的K图必须要嵌入在1或2变量的超级图中,如图4.12所示。在超级图相邻的单元中,通过找到相同数量的1(或0),找出两个子图间的逻辑相邻。图4.12为K图中相邻单元的例子。图中给出了SOP表达式——值得注意的是,1出现在两个子图的同一单元位置且超级图变量的值不相同,那么该超级图的变量就不会出现在乘积项中。

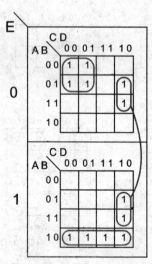
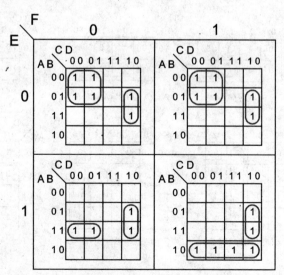

$F=A'\cdot C'\cdot E'+B\cdot C\cdot D'+A\cdot B'\cdot E$　　　　$F=A'\cdot C'\cdot E'+B\cdot C\cdot D'+A\cdot B'\cdot E\cdot F+A\cdot B\cdot C'\cdot E\cdot F'$

图4.12　超级卡诺图中的相邻单元

4.5 逻辑函数的不完整表述(无关项)

对 N 个输入信号的电路,并非 2^N 个输入组合都能出现,即使 2^N 个输入组合都能出现,有些组合也可能是不相关的。例如,用一个电视遥控器来控制电视节目、VCR 或 DVD 之间的切换。有些遥控器的工作模式可能是物理切换的"快进"模式,不用电路完成;而另一些遥控器则使用电路来完成各个按钮的操作功能,但这些按钮之间是不相关的。无论哪种情况,对电路的操作来说,总有一些输入信号组合与电路的正确操作无关。因此,可以根据其无关性进一步简化逻辑电路。

对那些不影响逻辑系统操作的输入组合,允许它们驱动电路输出到高电平或低电平。设计师不必在意电路对这些不可能或不相关输入的响应。在真值表和 K 图中,使用特殊的"无关"项符号来表示这些不相关的信号,这些信号为"1"或为"0"对电路操作都没有影响。有些资料上使用"X"来表示无关项,但可能会与命名为"X"的信号名混淆。在实际应用中,最好用普通信号名一般不用的符号表示无关项。这里使用"φ"代表无关项。

如图 4.13 所示的真值表,有三个输入、两个输出(F 和 G)。每个输出都有两个无关项,可以将同样的信息表示在 K 图中。在"F"的 K 图中,设计师对 2 和 7 最小项的输出是"1"还是"0"并不关心,所以 K 图中的 2 和 7 单元既可以用"1"圈起来也可以用"0"圈起来。很显然,将 7 单元用"1"圈起来,2 单元用"0"圈起来,就会产生最简逻辑电路。在这种情况下,SOP 和 POS 圈所确定的电路是一样的。

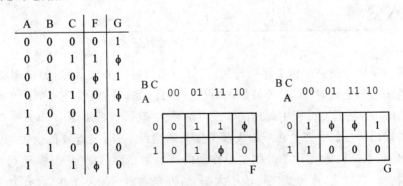

图 4.13 真值表中的无关项

在"G"的 K 图中,单元 1 和单元 3 中的无关项既可以是"1"也可以是"0"。在 SOP 圈中,两个无关项都作为"1",其逻辑函数为 $G = A' + B' \cdot C'$。在 POS 环形圈中,单元 1 和单元 3 都作为"0",其逻辑函数为 $G = C' \cdot (A' + B')$。了解一点布尔代数就知道这两个表达式并非代数等同。通常用 K 图法得到的 SOP 和 POS 表达式,在代数上并不等同(尽管它们的电路

第4章 逻辑化简

所表现出的行为是一样的)。图4.14的示例说明了如何在K图中使用无关项。

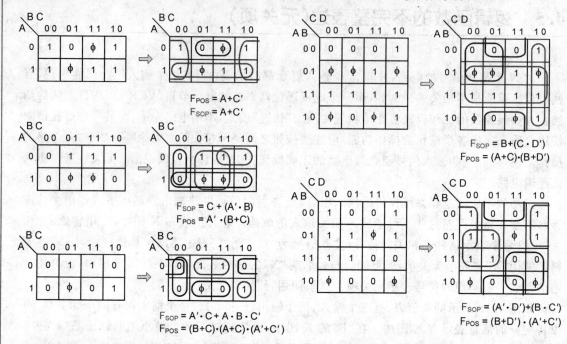

图4.14 卡诺图中无关项的处理

4.6 加入变量

要完整地说明所给组合逻辑电路的行为,真值表是最好的方法;而对数字逻辑电路输入、输出关系进行观察和化简时,K图是最好的方法。至此,我们已经看到真值表中的输入变量围绕在K图的周围,根据真值表中每行的1或0的输入模式,或根据K图单元的二进制编码,就可以确定各输出信号的状态。在不损失任何信息的情况下,通过将真值表中左上方的输入变量移到输出列,或是将K图中的外围变量移到内部单元,就可以将真值表和K图压缩成更为简洁的形式。现在看来,这种变换可能不太明显,但是在后面的章节中,使用加入变量(Entered Variables)和压缩真值表与K图,会让多变量系统的观察与化简变得更加简单。

图4.15给出了这一转化方法,16行的真值表被压缩成8行或4行。在8行的真值表中,变量D不再作为输入列,反而出现在输出列中。真值表中每两行的输出逻辑与变量D一起编码,然后在输出列中表示出来。在4行的真值表中,变量C和D都不再作为输入列,而出现在输出列中。输出值为每4行的输出逻辑值与输入变量C和D之间关系的编码。

第 4 章 逻辑化简

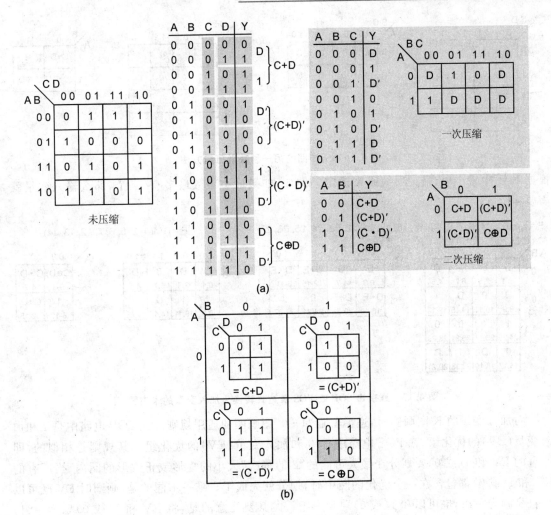

图 4.15 卡诺图中加入变量

图 4.15 是重新构造的 4 单元 K 图,其中的子图说明了 A、B 变量的 4 个唯一的值与 C、D 变量之间的关系。对于任何加入变量的 K 图,用子图方式去考虑(或绘制出子图)可以帮助确定加入变量的正确编码方式。注意,根据 K 图的索引码,从超级图码开始,然后加上子图码,可以将真值表中的行号映射到子图单元中去。例如,图中阴影部分的原输入变量编码就是 1110。

图 4.16 说明了同样的映射压缩,表示从非压缩 K 图直接到压缩 K 图之间的映射关系。阴影部分显示了如何将非压缩图中的单元转换到压缩图中。注意,16 单元图中的两个单元压缩成 8 单元图中的一个单元,16 单元图中的 4 个单元压缩成 4 单元图中的一个单元。

图 4.17 是直接用最小项 SOP 表达式或最大项 POS 表达式来转换为加入变量的 K 图(K 图的单元中,底部的小数字表示分配给该单元的最小项或最大项号码)。输入变量的最少数量

第 4 章 逻辑化简

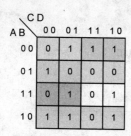

图 4.16 卡诺图的另一种映射压缩方法

根据 K 图中最小项、最大项编码来确定。例如,如果最小项数最多有 14 个,那么输入变量就需要 4 个。

$F = \Sigma m(0, 2, 4, 6, 7, 9, 12, 13, 15, 18, 21, 22, 23, 24, 25, 26, 27)$

$F = \Pi M(1, 2, 5, 6, 7, 12, 13, 14)$

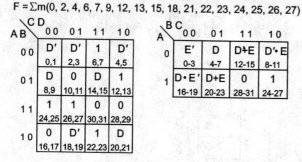
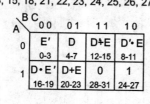
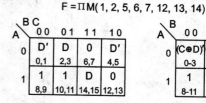

图 4.17 直接由 SOP 或 POS 表达式转换为加入变量的卡诺图

对加入变量的 K 图画圈时,遵循普通"1-0"图画圈的通用规则。在 SOP 电路中是 1 和加入变量(EV)的优化组,在 POS 电路中是 0 和加入变量(EV)的优化组。其规则是相似的,即所有的 EV 和 1(或 0)要划分在最大可能的"2 的幂次"大小的矩形或正方形的圈内,当所有的 EV 和 1(或 0)都包含在一个优化的圈中时,划分就完成了。唯一不同的是,画圈时 EV 既可以和自身画为一组,也可以和 1(或 0)划为一组。尤其要注意的是,将 EV 和 1(或 0)划为一组,这是因为在 K 图的单元中,1(或 0)代表了 EV 的所有可能组合。如果圈内既有 1(或 0),也有 EV,那么通常只包含一个 EV 可能组合的子集(图 4.18 中将有说明)。当所有最小项或最大项都包括在合适的组中时,那么对 EV 的 K 图画圈就完成了。其中,最有挑战的就是对于单元中包含 1(或 0)的圈,这需要保证所有可能的 EV 组合都被列举出来。

为了理解如何在 EV 的 K 图中画圈,考虑由每个 K 图单元所隐含的子图可能对此会有所帮助。如图 4.18 所示,在 EV 的 K 图中,包含 1(或 0)的相邻单元的圈可以出现在子图中同样的位置。

当阅读圈对应的表达式时,每组圈的 SOP 乘积项(或 POS 和项)必须包含定义该圈范围的变量和圈内含有的 EV 变量。例如,在图 4.18 的第一个例子中,第一个 SOP 项 $A' \cdot B' \cdot D'$ 就包括了环形区域 $A' \cdot B'$ 和加入变量 D。

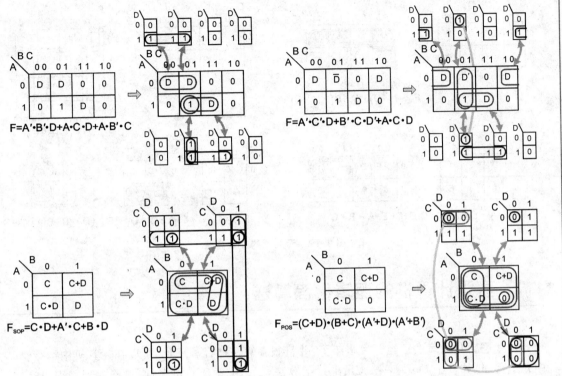

图 4.18 加入变量的卡诺图的画圈方法

加入变量图中的单元可以包含单个加入变量,也可以包含两个或多个输入变量的一个逻辑表达式。当圈中的单元含有逻辑表达式时,有助于区别是 SOP 还是 POS 圈机制。与单个 EV 的 K 图单元相比,单元中的乘积项使用了更少的 SOP 变量域,这是因为乘积项中的与变量越多,定义的逻辑域就越少。一个单元中的和项能表示更大的 SOP 域,因为在和项中,使用的或变量越多,定义的逻辑域就越大。

在 EV 图中画 SOP 表达式圈时,子图中含有乘积项的单元包含"1"的个数比含有单个 EV 单元所含"1"的个数要少,而含有和项的单元包含"1"的个数比含有单个 EV 的单元所含"1"的个数要多。同样,在 EV 图中画 POS 表达式圈时,子图中含有和项的单元包含"0"的个数要比含有单个 EV 的单元所含"0"的个数要少,而含有乘积项的单元包含"0"的个数比含有单个 EV 的单元所含"0"的个数要多。

加入变量 K 图中的无关项与普通"1-0"图中的作用是一样的,它们都是代表输入情况不可能发生,或不相关。同样,它们可以被分在 1 的组中,也可以分在 0 的组中,还可以分在加入变量的组中,从而达到最简化逻辑系统的目的。如图 4.19 所示,在任何环形圈内,无关项既可以表示为"1",也可以表示为"0",还可以表示为加入的变量。

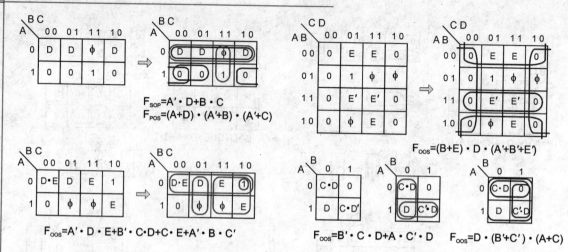

图 4.19 无关项的处理方法

4.7 基于计算机的逻辑化简算法

一些逻辑化简算法已经开发多年了,并且很多算法已经程序化,可以在计算机中运行。其中几个程序,如基于 Quine - McCluskey 的算法,就是穷举所有可能性,最终找到最简表达式。基于穷举搜索算法的程序需要很长的运行时间,尤其在处理大量的输入和输出时。其他一些程序,如由 UC Berkeley 开发并广泛使用的 Espresso 程序,使用启发式(或基于规则)方法来替代穷举搜索。尽管这类程序运行更快(尤其对于中等类型或大型系统),但它们最终找到的所谓"最优"的方案并不是最简逻辑方程。在许多实际工程中,最好的方法就是能快速找出十分简化的结果。

到目前为止,Espresso 是使用最为广泛的化简算法,其次是 Quine - McCluskey 算法。这里将主要介绍这两种算法,但并不详加解释。至于这两种算法是如何工作的,网络上有很多好的参考资料,本书鼓励读者查找并阅读这些参考资料,以便更好地理解逻辑化简技术。

Quine - McCluskey 逻辑化简算法于 20 世纪 50 年代中期提出,它也是第一个基于计算机的算法,并能正确地找出最简逻辑方程。算法通过穷举搜索找出所有"1"的分组,然后从中找出最小集合并覆盖原来所有最小项集合(该集合就是输出有效时的所有最小项集合)。由于该算法会搜索所有解并从中选择最优解,所以它会耗费大量的时间进行计算。事实上,即使在现代计算机上,对于一个中等类型的逻辑系统,它也会算上几分钟甚至几小时。很多免费的程序就是用 Q-M 算法来同时化简一个或多个方程的。

Espresso 算法起源于 20 世纪 60 年代,并且已经成为工业中使用最广泛的逻辑化简程序。Espresso 严格地"基于规则",这就意味着它不会搜索出所有可能的最简方程(尽管很多情况下

第 4 章 逻辑化简

它都能找到）。在 Espresso 运行之前，先要创建一个 Espresso 输入文件，这个输入文件本质上是一个真值表，就是非最简方程的所有最小项的列表。Espresso 运行结束后会返回一个输出文件，并列出了输出方程所有需要的项。Espresso 可以简化几个逻辑变量的一个函数或多个函数。Espresso 会对一个逻辑系统作几个简单化假设，所以它运行速度非常快，哪怕是大型系统。

  Digimin 是一款视窗软件，能够在 Windows 环境下运行 Boozer 和 Espresso 程序。Digimin 提供了简单的真值表输入机制，并能够以 SOP 和 POS 方程的形式输出。Digimin，在很多经典网站上都能下载，其运行简单直观，使用方便。首先加入方程（选择"Action"→"add function"），然后向该方程中加入变量（选择"Action"→"add variables"）。当所有的方程和变量都添加完毕后，只要再选择 MIN 方程以及 Espresso 或 Boozer 算法就可以了。

  从 20 世纪 90 年代开始，硬件描述语言（HDL）以及相关设计工具与设计方法已经逐渐取代了其他数字电路的设计方法。今天，数字电路设计的方方面面事实上已以 HDL 的应用为标准的实践。在后续章节中，将会介绍 HDL。同样可以看到，在 HDL 环境中定义的任何电路在具体实现之前都可自动地化简。这一特性使得设计师可以把更多的精力集中在研究电路的行为上，而不是用在寻找高效率电路结构的细节上。尽管理解数字电路的结构和功能很重要，但经验表明，设计师只要描述电路的行为特性，并依靠基于计算机的工具就可以很快地找出高效率的电路结构，并使之能够实现所有的行为特性。

第4章 逻辑化简

练习4 逻辑化简

学生		等级			
我提交的是我自己完成的作业。我懂得如果为了学分提交他人的作业要受到处罚。		序号	分数	得分	
		1	6		总分
姓名 _____	学号 _____	2	12		
		3	14		
		4	12		
		5	19		第几周上交
签名 _____	日期 _____	6	9		
		7	14		

预计耗用时数
| 1 | 2 | 3 | 4 | 5 | 6 | 7 | 8 | 9 | 10 |

| 1 | 2 | 3 | 4 | 5 | 6 | 7 | 8 | 9 | 10 |
实际耗用时数

最终得分
最终得分：每迟交一周扣除总分的20%

问题 4.1 给出如图 4.20 所示的电路三极管、门和输入信号的数量。

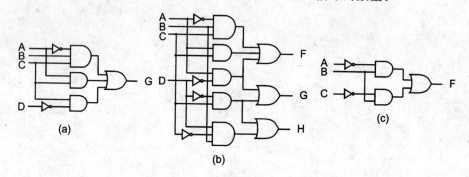

图 4.20 问题 4.1 的图

问题 4.2 用布尔代数化简下列逻辑表达式。

$F = (A \oplus B' \cdot C) + A \cdot (B + C')$ 　　$F = A \cdot B' \cdot C + A' \cdot B' \cdot C \cdot D + (A \cdot B \cdot D)' + A' \cdot B \cdot C \cdot D$

$F = ((A \oplus B') \cdot C) + A \cdot B' \cdot C + A \cdot B \cdot C + (A' + C)'$ $F = ((A \cdot (A \cdot B)')' \cdot (B \cdot (A \cdot B)')')'$

$F = (A \cdot B)' \oplus (B + C)'$ $F = A' \cdot (B \cdot C + (A(((B \cdot C \cdot D)' + A \cdot B \cdot D) \oplus (A' \cdot B \cdot C)' + A \cdot B' \cdot C)))'$

问题 4.3 找出图 4.21 中各系统的最简逻辑表达式。

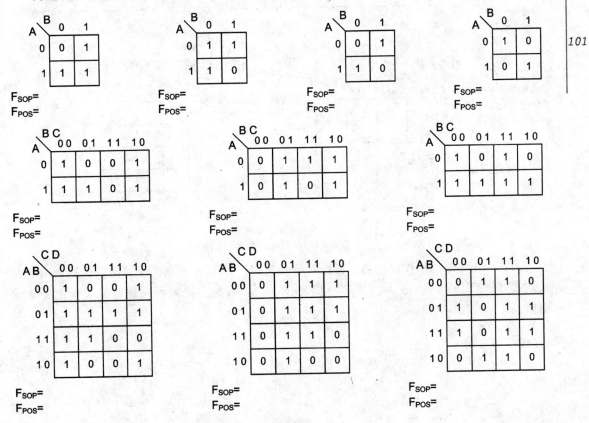

图 4.21 问题 4.3 的图

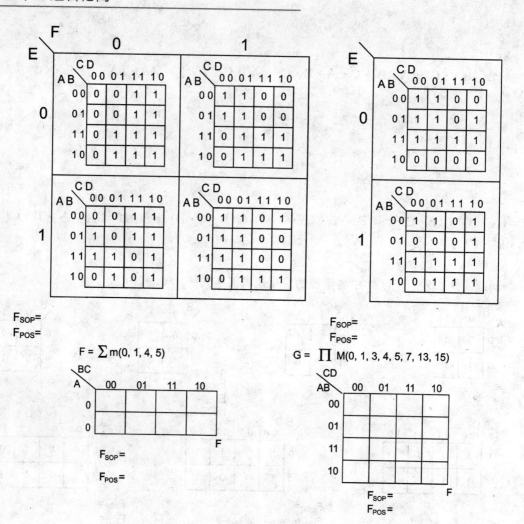

图 4.21 问题 4.3 的图(续)

问题 4.4 找出图 4.22 中各系统的最简表达式。并用 K 图画圈法找出其最简化的逻辑表达式(用 SOP 或 POS 表示),如果 SOP 和 POS 是相同的,则两种画圈法都要在图中表示出来。

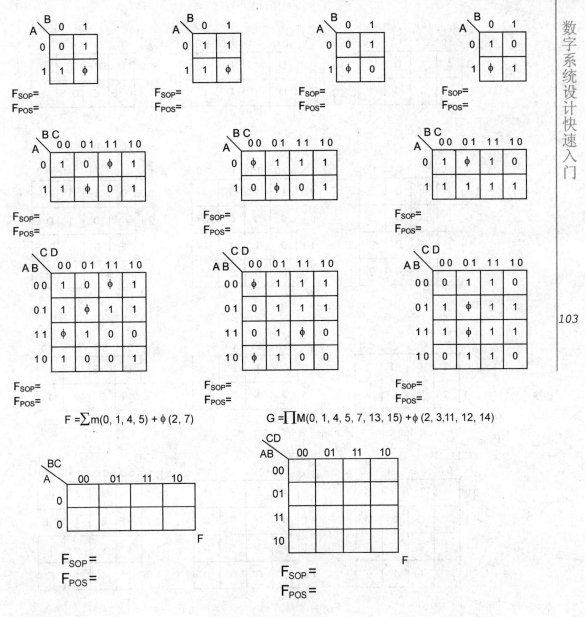

图 4.22 问题 4.4 的图

问题 4.5 找出图 4.23 中各系统的最简 SOP 和 POS 表达式。

第 4 章 逻辑化简

A \ BC	00	01	11	10
0	1	1	D	1
1	1	D'	0	1

$F_{SOP}=$
$F_{POS}=$

A \ BC	00	01	11	10
0	D	1	D'	0
1	1	D	D'	0

$F_{POS}=$

A \ BC	00	01	11	10
0	D	D+E	E	0
1	D'·E	E	D·E	1

$F_{SOP}=$

AB \ CD	00	01	11	10
00	1	1	D	D
01	1	D	D	D
11	1	D	D	0
10	1	1	0	0

$F_{SOP}=$
$F_{POS}=$

AB \ CD	00	01	11	10
00	1	1	1	0
01	1	D	D	D
11	0	1	1	0
10	0	D'	D'	0

$F_{POS}=$

AB \ CD	00	01	11	10
00	D'	1	1	E
01	D'·E	D'	1	D·E
11	E	0	D	D+E
10	D'	1	1	E

$F_{SOP}=$

A \ BC	00	01	11	10
0	1	φ	D	1
1	1	D'	φ	1

$F_{SOP}=$
$F_{POS}=$

A \ BC	00	01	11	10
0	D	1	D'	0
1	φ	φ	D'	φ

$F_{POS}=$

A \ BC	00	01	11	10
0	D	D+E	E	φ
1	D'·E	E	φ	1

$F_{SOP}=$

AB \ CD	00	01	11	10
00	φ	1	D'	D
01	1	D	φ	D
11	1	φ	D'	0
10	1	φ	1	φ

$F_{SOP}=$
$F_{POS}=$

AB \ CD	00	01	11	10
00	1	φ	φ	1
01	0	D	D	D
11	φ	1	1	0
10	0	D'	D'	0

$F_{POS}=$

AB \ CD	00	01	11	10
00	D'	1	φ	E
01	D'·E	D'	1	D·E
11	φ	0	φ	1
10	D'	1	1	E

$F_{SOP}=$

图 4.23　问题 4.5 的图

F=∑m(0,2,7,9,10,11,14) + φ(4,5)

F_{SOP} =

F_{POS} =

F= ∑m(0, 2, 3, 7, 8, 15) + φ(4, 5, 12, 13) （将等式中信息填充到下列三个图中，并用画圈法找出最简式）。

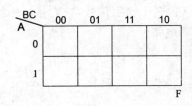

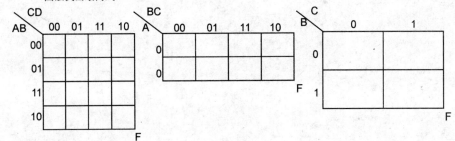

F_{SOP}=

F_{POS}=

Y = ∑ m (0,2,4,8,9,10,14,22,31) + φ(6,7,12,13,24,25)

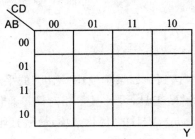

F_{SOP} =

F_{POS} =

Y = ∏ M (0,2,4,8,9,10,14,22,31) + φ(6,7,12,13,24,25)

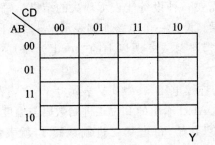

F_{SOP} =

F_{POS} =

图 4.23　问题 4.5 的图（续）

第4章 逻辑化简

问题 4.6 下列 3 个输出信号,它们是同一组输入信号的逻辑函数,输入信号也是 3 个,找出全局最小逻辑电路。

$$F1 = \sum m(0,3,4), \quad F2 = \sum m(1,6,7), \quad F3 = \sum m(0,1,3,4)$$

问题 4.7 以下设计问题在工业中一般很少遇到。如果单纯用"笔纸"的手工方法,则设计显得太大,很难完成;但如果用基于计算机的辅助工具,设计显得相对简单。使用 DigiMin 工具简化以下系统。在最简化的过程中,选择"create VHDL"优化选项,最后打印并提交产生的 VHDL 文件。

(1) 有 6 个裁判给某一特定事件打分,需要一种设备能表示裁决的结果。每个裁判可以用一个开关来给出"good"或"bad"的裁决结果。设计一个电路能够表示出 3 种不同的情况:绝大多数(获得 5 票或 6 票"good"),大多数(获得 4 票或 4 票以上的"good"),平局(刚好获得 3 票"good")。

(2) 有一温度计能够产生 0~5 V 之间的连续电压,其中 0 V 表示 0 ℃,5 V 表示 100 ℃。该电压信号被输入到模/数转换器中(ADC)。ADC 输出的 8 位二进制数码与温度的大小成比例。"00000000"表示的是 0 ℃,从"00000000"开始,每增加二进制数码 1,就表示温度上升 100/256 ℃,最大值"11111111"表示 100 ℃。设计一个电路,当温度处于 50~60 ℃ 之间时,输出高电平信号。

第4章 逻辑化简

实验工程 4 逻辑化简

学生

我提交的是我自己完成的作业。我懂得如果为了学分提交他人的作业要受到处罚。

姓名 _____   学号 _____

签名 _____   日期 _____

预计耗用时数

| 1 | 2 | 3 | 4 | 5 | 6 | 7 | 8 | 9 | 10 |

| 1 | 2 | 3 | 4 | 5 | 6 | 7 | 8 | 9 | 10 |

实际耗用时数

分数量值表
4：好
3：完整
2：不完整
1：小错误
0：未交

每迟交一周扣除总分的20%
得分＝评分(Pts)×权重(Wt)

实验室教师

序号	演示	Wt	Pts	Late	Score	实验室教师签名	日期	实验室分数
1	检查源文件和仿真文件	2						
1	电路演示	2						
2	电路演示	3						
E1	电路演示	3						
4	电路演示	4						

等级

序号	项目	Wt	Pts	Score	第几周提交	分数	总分＝实验室分数＋得分表分数	总分
1	原理图和仿真	2						
2	原理图和仿真	2						
E1	原理图和仿真	3						
3	原理图和仿真	3						
4	工作表	4						

引 言

本实验工程给出用于描述数字电路行为的几个曾做过的问题。读者的任务就是设计、仿真并将那些电路下载到Basys开发板上。

第4章 逻辑化简

问题 4.1 Amy、Baker、Cathy 和 David，作为"Overhead Coffee Company"的购买者，已经设计了一套比较复杂的投票系统，可以决定什么时候购买新的咖啡豆。设计并实现一个逻辑电路用以显示是否需要买新咖啡豆。利用滑动开关控制投票（"Yes"或"No"），使用发光二极管表示是否购买。如果符合下列条件则执行"YES"的命令：

Amy、Cathy 和 David 投 NO 而 Baker 投 YES；
或 Amy 和 David 投 NO 而其他人投 YES；
或 Baker 和 David 投 YES 而其他人投 NO；
或 Amy 投 NO 而其他人投 YES；
或 Baker 投 NO 而其他人投 YES；
或 Baker 和 Amy 投 YES 而其他人投 NO；
或 Cathy 投 NO 而其他人投 YES；
或 David 投 NO 而其他人投 YES；
或 Amy 和 Cathy 投 YES 而其他人投 NO；
或他们都投 YES。

设计并实现你的电路，演示给实验室老师看，然后打印并提交源文件。

问题 4.2（12 分） 用原理图绘制工具实现并仿真一个可检验小于 15 的所有质数的电路。假定电路中的 4 个输入（$B_3B_2B_1B_0$）构成一个 4 位二进制数，从 0 到 15。当电路输入的二进制数是一个质数时就会点亮发光二极管。从完成 K 图开始（或者从真值表开始），然后挑选最简的 SOP 和 POS 电路，再实现电路，使其需要的三极管数量最少。通过仿真验证后，将电路下载到 Basys 开发板上，用 4 个滑动开关作为输入，一个发光二极管作为输出。注意：如果用不同的发光二极管作为输出，该电路可与问题 4.1 中的电路一起存于 Basys 开发板上。

电路设计和实现以后，演示给实验室老师看，打印并提交你的源文件。

附加题 设计并实现一个可检验小于 64 的质数的电路。完成之后，向实验室老师演示，打印并提交你的源文件。

问题 4.3（15 分） 用下面的 K 图确定一个用于战舰领域的 5 输入、1 输出的电路。也许你想重新打印出 K 图，练习设计你认为最难竞猜的电路。找出最简电路，输入并用 Xilinx CAD 工具仿真。将输入命名为"A"、"B"、"C"、"D"和"E"，输出为"OUT"。打印并提交电路原理图和仿真输出。

问题 4.4（15 分） 将电路下载到 Basys 开发板上，测试并向实验室老师演示。然后邀请旁边的同学尝试寻找电路中所有的最小项。开始之前，被邀的同学可要求 5 个输入开关放置任一初始状态。每次滑动输入开关到一个新的位置时，查找最小项。被邀的同学应该在你的

K图中,在"进攻"K图里记录下他们"屈服"状态下经过的路径,而你也应该在"防卫"K图里记录下路径。被邀的同学继续改变输入模式直到所有的 1 被发现。之后,在下面的"防卫"一栏中填写移动总数。然后交换角色,改测对方的图。在如图 4.24 所示的"进攻"一栏中填写移动总数。

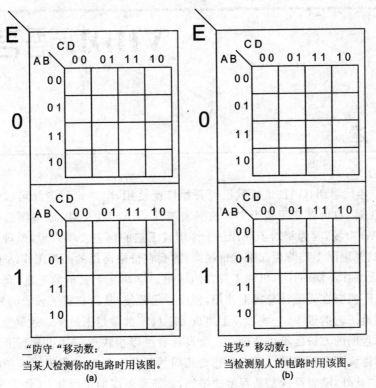

图 4.24 问题 4.4 的图

第 5 章
VHDL 语言介绍

5.1 概 述

  20 世纪 70 年代早期,CAD 工具就已经开始广泛使用,电路设计者既可以使用基于图形的原理图设计工具,也可以使用基于文本的网表工具。90 年代中期,原理图设计工具几乎占据了所有的 CAD 市场,因为相对于设计一个详细且无错的网表文件来说,原理图工具更为简单。但是早期的原理图工具使用起来代价很高,需要在价格高昂的图形工作站上运行,并且设计出来的电路无法在不同的计算机和工具之间移植。早期基于文本的工具,允许设计者直接输入网表,而且不需要在高端计算机上使用,使设计很轻便,从而获得了较快的发展。

  随着 IC 制造工艺的进步,一块芯片上集成的三极管数量越来越多。这就意味着在复杂的设计环境中,原理图的方法已不再适合。一个设计者可以很快地描述出具有上千门的逻辑电路的行为,但却需要多个版图设计工程师花费几周甚至几个月的时间来将这一行为描述转换为三极管电路。此外,随着设计复杂程度的增加,就需要更多的工程师,工作组也越来越大,并且工程师之间也需要共享越来越多的技术数据。

  技术的进步造成了新的瓶颈——在复杂和开放的设计环境中,很难让大量的设计人员和版图设计工程师共同按计划完成非常精确的设计任务。因此,美国国防部启动了一项计划,找到了一种方法,使得设计者之间可以高效率地交换特定的技术数据。1981 年,美国国防部将处于领导地位的技术公司召集到一起组成一个联盟,要求他们创造一种新的、可以精确描述复杂、高速集成电路的语言。该语言要有广泛的描述能力,这样任何电路中细节性的行为都可以用该语言描述。这一项工程最终产生了 VHDL 语言,即"超高速集成电路硬件描述语言(Very-high-speed-integrated-circuit-Hardware Description Language)"。本章将阐述用 VHDL 作为数字电路设计工具的几个基本概念。在后续章节中,电路的 VHDL 语言描述将得到进一步的讨论。

第 5 章　VHDL 语言介绍

阅读本章前，你应该：
- 熟悉逻辑电路的结构；
- 知道如何使用 WebPack 原理图工具并进行电路仿真；
- 知道如何将程序下载到 Digilent 开发板中；
- 理解逻辑运算和化简方法。

本章结束后，你应该：
- 能够写出组合逻辑电路的 VHDL 语言描述；
- 能够综合、仿真以及下载基于 VHDL 语言描述的电路；
- 理解 VHDL 语言和电路综合器的作用，清楚结构设计与行为设计之间的区别。

完成本章，你需要准备：
- 一台装有 Windows 操作系统的个人计算机；
- Xilinx ISE/WebPack 软件；
- 一块 Digilent 开发板。

5.2　背景介绍

　　前面已经介绍了 VHDL 语言可以为数字电路提供细节性的设计描述，这样的描述几乎不需要设计者考虑如何实现硬件电路(假设源文件的需求可被资深工程师以示意图的形式表达出来)。此时，尽管也需要创建设计规范，但与将设计规范转换为原理图的结构描述所需要做的大量工作相比，这完全是微不足道的。VHDL 语言出现几年后，就有一种能够自动将 VHDL 行为规范转换为结构描述的计算机程序，这种计算机程序称为综合器，综合器根据 HDL 的行为描述创建出一个低层次的结构描述。这种行为——结构转换能力极大地节省了工程师设计电路所需要的时间和精力，并使 VHDL 语言从规范性语言发展成为设计语言。

　　设计工程师在工程中使用 HDL 和综合器是一项革命性的改革，牢记这一变化是如何迅速地发展也是很重要的。在 1990 年前后，几乎很少有人使用 HDL 语言来设计电路(主流还是使用原理图进行设计)。到了 90 年代中期，几乎有一半的电路设计使用 HDL 语言。今天，几乎所有的电路设计都使用 HDL 语言进行设计。如此快速的转变说明工程师们已经意识到使用 HDL 语言的好处。同样，如此迅速的转变也意味着工具、方法以及技术仍然需要完善，而且 CAD 工具也在持续地发展和进步。

　　数字电路设计 CAD 工具可以分为"前端"和"后端"两大类。"前端"工具用于绘制和仿真电路设计；"后端"工具用于综合电路设计，将高层次设计映射为门级等低层次设计，并分析其性能(因此，前端工具的对象是抽象电路，而后端工具的对象是实际物理电路)。有几家公司开发的 CAD 工具主要是前端工具，有些公司重点开发后端工具，还有一些公司两种兼而有之。

第5章 VHDL 语言介绍

目前的 HDL 语言主要有两种：一种是由私企开发的，称为 Verilog 语言；另一种是由政府资助并成为 IEEE 标准的 VHDL 语言（译者注：Verilog 语言也成为 IEEE 标准）。两种语言其形式和应用都十分相似，但也各有特点。本书将使用 VHDL 语言，这是因为 VHDL 语言比 Verilog 语言有更多的教育资源。应当注意的是，学习了其中一种语言后，再学另外一种语言就很容易了。

HDL 语言使设计工程师所设计的产品在短短的几年内增加了许多倍。客观地说，目前一个设计工具齐全的工程师所设计的产品数量相当于几年前一个小组的工程师所设计的产品的数量。此外，硬件描述方法已经被许多工程师广泛使用，而不仅仅限于受过高水平训练或经验丰富的工程师了。为了满足设计效率的持续增长，工程师必须掌握新的设计技术：必须能够编写出满足设计需求的基于行为的电路描述；必须理解综合以及其他 CAD 工具的处理过程，以便准确地描述并检验其结果；必须将设计的外部接口模块化，这样可以使设计被严格地测试和验证。由于 HDL 语言的高度抽象特性，它会引入新的潜在错误，所以设计者必须能够检测并锁定这些错误。

5.2.1 电路的结构设计与行为设计比较

电路的行为设计就是描述电路在不同的时刻、不同的输入值下，电路的输出是如何变化的。单纯的行为描述不含有电路如何实现的任何信息，而这些信息可以根据前面的设计规则从电路描述中推断出来，如下面用 VHDL 语言编写的行为描述：GT<="1" if A>B else "0"。GT（"大于"）输出可以表示在软件控制下作比较运算的电路，也可以表示硬件减法电路中的"借用"，还可以表示用户自定义的逻辑电路。任何实现方法都会满足 VHDL 描述中的行为要求。

一个电路的结构描述，本质上就是一个关于电路如何实现的计划或蓝图，且在电路实现之前就要创建出来。在基本的描述中，结构描述中不含有任何关于电路怎样实现的信息。思考如图 5.1 所示电路的结构描述（原理图）。要想发现该电路高层次的行为特性（假设没有前面的设计知识），就需要对细节进行分析并花费大量的时间。但是它的行为特性可以用相当简洁的方式写出：如果输入的 4 位数 A 小于 B，那么 LT 有效；如果 A 大于 B，那么 GT 有效。

HDL 源文件可以用行为描述的方法或结构描述的方法来描述电路（通常用两种方法混合描述）。无论哪种方法，都必须在电路实现之前将 HDL 源文件综合为结构描述方式。当行为级电路被综合时，综合器会在产生的临时电路中，根据大量的规则查找出符合行为描述的结构电路。在根据规则产生方案时，由于其固有的多样性，综合过程会产生不同可选择的结构电路。但是当一个结构化的描述被综合后，综合器的工作就很简单了，只需要考虑相当少的规则。综合产生的结构电路会非常接近原始结构描述。正因为如此，许多设计者都愿意用"极大相似结构"的方法，尽管这种方法没有抓住使用 VHDL 所带来的主要优势（如能够快速方便地创建基于行为的设计）。

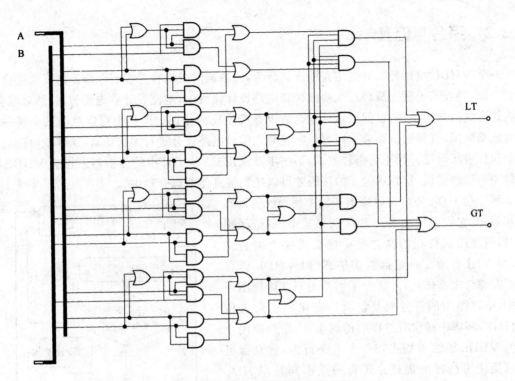

图 5.1　4 位数据比较器电路原理图

　　一般来说,与使用结构描述方法相比,使用行为描述方法来描述给定的电路可以更简单、更省时。行为描述可以让工程师集中精力考虑在高层次的设计上,而不是在电路实现的细节上浪费时间。虽然行为描述方法能够让工程师更快地设计出更复杂的系统,但工程师却很难控制电路的最终结构。因此,综合器使用的规则必须要适用于绝大多数的电路,但这样对于某些特殊电路就无法优化。某些情况下,工程师会更多地控制所设计电路的最终结构,在这种情况下,结构描述方法就更加适用。通常,工程师都用行为描述方法来设计电路,这样他们可以方便地研究电路以及其可能的选择。一旦设计方案定下来了,电路设计就要以结构描述的形式重新编码,这样,综合过程就变得更加具有预测性。结构描述看起来就像是网表,尽管很难创建它们,但是从一个结构描述 HDL 源文件中可以很直观地绘制出电路图。

　　原理图是在图形界面中添加门电路和连接线,而 HDL 语言则使用文本编辑器,在文本文件中添加结构或行为描述。行为描述所描述的是根据已知的信号条件得到一个新的值,如 VHDL 描述:$Y <= (A \text{ and } B) \text{or} (\text{not } A \text{ and } B \text{ and } C) \text{ or } (\text{not } A \text{ and not } C)$,这等同于"Y 获得 $AB + A'BC + A'C'$ 的赋值",只描述了 Y 是怎样被赋值,而不是描述执行该操作的电路该如何实现。结构描述使用信号名来互连器件并创建一个网表。不管电路使用结构描述方法还是行为描述方法,它都必须在实现之前进行综合,并且综合器会自动优化所有的逻辑表达式。

第 5 章　VHDL 语言介绍

5.2.2　综合与仿真

一个 VHDL 设计可以通过仿真验证其行为，或者同时被综合并实现电路。仿真和综合这两种功能，是互不关联的两种独立功能。在电路设计流程中，电路设计首先要仿真，然后综合，并在综合之后再次仿真，以保证设计综合后没有产生任何错误。但是也可以取消其中某一步仿真或都取消，直接进行综合。还可以在综合之前对电路设计进行多次仿真，这样就可以对不同的设计进行研究。无论是哪种方式，第一步都是用 CAD 工具中的分析器来检查 VHDL 源文件中的语法错误，检查通过了的编码才可以送到仿真器或综合器中。

尽管在 HDL 环境与原理图环境中使用的仿真器很相似，但它们之间也有一些区别。其中，一个区别就是，原理图文件在仿真之前必须要转换为网表文件，而 VHDL 源文件可以直接仿真（即 VHDL 语言可以在综合之前仿真）。这个区别是由于在原理图环境中，电路图中的符号只是仿真事务中的图形占位符；HDL 环境中却没有这样的仿真事务，用户使用合适的 VHDL 语法来描述每一个电路行为，仿真器可以直接使用这样的描述。还有一点不同是，VHDL 环境与其仿真环境有着更加紧密的联系，而且有一些 VHDL 语言的特性只能在仿真电路中使用（后续章节将详细讨论）。

一个 VHDL 描述在指定的器件或给定的工艺下实现时先要进行综合。典型的综合过程就是将行为级电路描述转换为基本的逻辑结构，如 AND、OR、NOT 运算（或许是 NAND、NOR 运算），然后将这些基本运算映射到实现电路的目标工艺中。例如，将给定的电路设计映射到可编程器件 FPGA 中，或者映射到半导体制造厂的全定制设计流程中。综合时需要指定电路所要求的工艺参数。这意味着同样的 VHDL 源文件可以创建设计电路原型并下载到 FPGA 中，或用来产生用户定制芯片。在完全不同的工艺中可以使用相同的源文件来实现电路的能力是 VHDL 得到广泛使用的关键所在。

基于 HDL 的设计流程如图 5.2 所示。这一过程

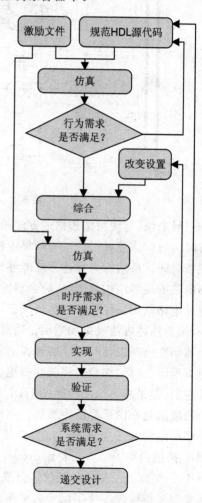

图 5.2　HDL 设计流程

包含两个仿真步骤，分别在 HDL 设计与综合结束之后。前一个仿真过程能够使设计者快速检查设计的逻辑行为是否正确，而暂时不考虑它的实际电路。前仿真步骤允许设计者在设计过程中于实际硬件方案最终确定之前，对不同的电路结构进行比较。后仿真步骤允许设计者验证其设计在综合及映射到给定器件后是否仍然可以正常工作。

VHDL 源文件没有包含关于如何实现给定电路的任何信息。绝大多数设计需要满足时序要求、功耗限制或尺寸要求。在综合过程中，设计者可以在综合器中设置约束条件来优化其功耗、面积以及运算速度。综合后的仿真能够对综合产生的物理电路进行检查，看其是否满足原始设计要求。如果不满足则需要重新定义约束条件并再次综合。

过去的几年，在设计一个新的电路时，设计者的主要精力花费在将高层次的电路描述转换为低层次的结构描述上，而这一工作现在可以用综合器来完成。尽管这一复杂的过程需要相当多的精力，但是它使设计者对实际的物理电路有非常深入的理解。使用综合器来完成这一过程将设计者从这一繁杂的工作中解放出来，但同时它也将设计信息的潜在价值丢失了。为了帮助弥补这些损失的信息，设计者必须很好地理解综合的全过程，并且要能精确地分析综合后的电路，并确认该电路是否满足所有需求。这就需要依次严格使用仿真工具和其他工具重复检查设计，这些工具在后面的实验中将会用到。

5.3 VHDL 语言介绍

在原理图绘制环境中，使用一个图形化的框图以及输入与输出连接就描述了一个已知的逻辑电路。在 VHDL 中，也使用同样的方法，只是将这个特定的框图明确地显示在文本编辑器中。描述这个特定的框图需要一个实体和相应的端口。如图 5.3 中的示例所示，该实体给出了电路名称并描述了所有输入与输出端口。因此，VHDL 中的实体块扮演着原理图绘制环境中符号的角色。另外，一个 VHDL 电路描述必须有一个结构体。结构体中定义了电路的逻辑功能，并且与用原理图实现的电路的"后台"仿真模型一致。在仿真 VHDL 代码时，结构体中的描述就代替了原理图环境中基于库的子程序进行仿真。

一般 VHDL 电路的描述形式如图 5.3 所示。粗体字是关键词，斜体部分可由用户自定义。下面的例子给出了原理图以及相应的 VHDL 代码。VHDL 代码的前两行指明了所需的库文件，它们的功能将在后面介绍。目前，读者可以简单地按图 5.3 所示进行输入。通过引用

```
library ieee;
use ieee.std_logic_1164.all;

entity circuit_name is
   port (list of inputs, outputs and type);
end circuit_name;

architecture arch_name of circuit_name is
begin
   (statements defining circuit go here);
end arch_name;
```

图 5.3 VHDL 源文件的一般结构

第 5 章 VHDL 语言介绍

格式和以下的例子，读者能够以这个模块准备 VHDL 代码来描述实验工程中的电路。需要特别注意的是，读者还需要在端口声明中定义电路的输入、输出信号名，并在结构体中描述电路的行为。

图 5.4 中的例子定义了输入端口 A、B、C，以及输出端口 Y，且都是标准逻辑（STD_LOG-IC）类型。在 VHDL 中，STD_LOGIC 类型的信号等同于物理电路中的连接线。VHDL 也有其他数据类型（如 integer 整型、character 字符型、Boolean 布尔型等），但这些更为抽象的类型并不与连接线上信号的电压对应。在初期的设计阶段中，设计者使用这些类型更多地考虑数据流而不是电气特性。这些更为抽象的数据类型在 HDL 描述具体实现之前要全部转换为 STD_LOGIC 类型。在设计电路时总是可以只使用 STD_LOGIC 类型而不用其他数据类型，在这种情况下，刚开始设计时需要花费较多的时间，但反过来说，不需要进行数据类型的转换。在后面的几个实验中，对于输入、输出信号完全只用 STD_LOGIC 类型。

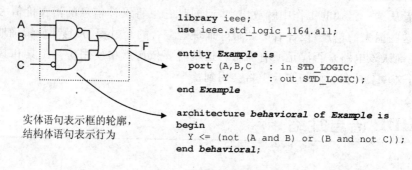

图 5.4　端口映射

5.3.1　信号的赋值

一个数字电路的设计行为可简单地被描述为基于某些输入信号的组合产生新的输出信号。从计算机系统到应用设备内部的控制器，再到媒体播放设备，数字电路都是处理从信号源来的输入信号并产生需要的输出信号。因此，在 VHDL 中，信号的赋值运算符是最基本的运算符。

信号赋值运算符（"＜＝"）用来定义输出信号是怎样被驱动的。A＜＝"1"表示信号 A 被赋予了逻辑值"1"（假定为 LHV）。A＜＝B 表示信号 A 被赋予了信号 B 的值。只要信号被赋予一个新值，那么在信号采用新值之前，VHDL 仿真器要花一定的时间来执行赋值运算。这是因为 VHDL 电路使用连接线来传递信号，由于连接线上电压不可能瞬间改变，那么 VHDL 中的信号赋值也不可能瞬间发生。这就是 VHDL 语言与计算机语言，如"C"语言之间的本质区别。当 VHDL 程序执行时，它是以实时的方式仿真电路。但是"实时"对于计算机来说，就是其存储在内存中的一个计数值。在 VHDL 中，当时间计数器在 430 ns 时 A＜＝"1"发生，那么只有时间是 430 ns 时 A 才会开始赋值到"1",否则保持不变。这是和 C 程序本质的不同,在 C 程序中,信息转换不会受到时间的限制。

在每一个 VHDL 转换中,时间都是一个重要因素。VHDL 代码本质上是并行的,这意味着在任何给定的时间点,一些信号的赋值可能是被阻塞的。在 VHDL 代码中,因果关系与表达式的出现位置无关,但却与时间模型有关。例如,在 C 程序中,先有 X=Y,然后有 Z=X,并且变量 X 原值为"1",变量 Y 原值为"2",那么这段程序就隐含表示了 Z=Y,并且 Z 最终等于"2"。而在 VHDL 里,就完全不一样了:如果先有 A<=B,然后有 C<=A,则有足够的时间允许 A 被赋值为 B,然后更多的时间允许 C 被赋值为 A 后,C 存储"1"。

信号赋值运算符可以根据输入信号的运算功能(运算符"<="左边的信号是输出,右边的是输入)给输出信号赋予新值。在 VHDL 工具中,涵盖了基本逻辑运算,并以一个标准函数而存在,这样,信号赋值就可以写为"A<=C or D"(and,or,nand,nor,xor,xnor 以及 not 都可以使用)。因此,几乎就不需要写基本逻辑电路的 VHDL 代码了。VHDL 包含其他更强大的信号赋值运算符,以及更加"内置化(built-in)"的功能,这些将在后面的练习中深入讨论。注意,在 VHDL 中,所有的信号赋值语句最后都要以分号结束。

在实验环节开始之前,读者应该先到网站上浏览一遍 ISE/WebPack 使用指南中的 VHDL 语言部分。尽管在使用指南中,只给出了使用 VHDL 设计数字逻辑电路所需要的最基本的概念,但也足够满足本书实验的要求了。后面的练习会更加深入地讨论 VHDL 语言的知识以及 WebPack 中用到的特性。

5.3.2 使用 Xilinx VHDL 工具

在 WebPack 环境中实现 VHDL 设计的电路,需要一个文本编辑器来创建 VHDL 源文件,还需要一个综合器将源文件转换为可以下载到芯片的文件格式,以及一个仿真器来验证结果。对于更复杂的设计,还需要布局布线器或时序分析仪等一些其他工具(后面会讨论这些工具)。任何编辑器都可以用来创建 VHDL 源文件。Xilinx 公司在 WebPack 中提供了编辑器,并且该编辑器使用了彩色编辑和自动缩进功能使得源文件具有更好的可读性(强烈推荐使用 WebPack)。本章的实验工程会简单介绍如何创建 VHDL 设计,并且会在后面的实验中对 VHDL 语言以及 Xilinx 工具包作更深入的介绍。现在,可以通过一个简单的工程来实现一个基本的逻辑电路,如"Y<=(not A and B) or C"。

第5章 VHDL 语言介绍

实验工程5 VHDL 介绍

学生	
我提交的是我自己完成的作业。我懂得如果为了学分提交他人的作业要受到处罚。	预计耗用时数 1 2 3 4 5 6 7 8 9 10 1 2 3 4 5 6 7 8 9 10 实际耗用时数
姓名_____ 学号_____	分数量值表 4：好 3：完整 2：不完整 1：小错误 0：未交
签名_____ 日期_____	每迟交一周扣除总分的20% 得分＝评分(Pts)×权重(Wt)

实验室教师								实验室分数
序号	演示	Wt	Pts	Late	Score	实验室教师签名	日期	
6	LED 功能	3						
等级					第几周提交	分数	总分＝实验室分数＋得分表分数	总分
序号	附加题	Wt	Pts	Score				
1	加注释原理图和 VHDL	3						
2	原理图，VHDL，草图，注解	2						
3	VHDL 源代码和仿真	3						
4	VHDL 源代码，测试平台和仿真	3						
5	VHDL 源代码，原理图和仿真	4						
6	VHDL 源代码	2						
EC	仿真源文件与输出	3						

概　述

本实验工程简要介绍了在 Xilinx ISE/Webpack 环境下设计 VHDL 源文件的使用指南。掌握了这一指南，读者可以设计并实现下列问题中的简单逻辑电路。

问题 5.1　使用 WebPack 工具创建 $Y=A'BC+B'C'+AB'$ 的电路原理图。保存原理图，

双击"View VHDL Function Model"进入"工程导航(Project Navigator)"中的"Source in Project"。这样就根据原理图产生了结构化的 VHDL 文件。打印并附上原理图文件和 VHDL 文件,然后根据 VHDL 文件中生成的符号标注,在原理图中标注逻辑门和连接线。

问题 5.2 使用 WebPack 工具创建 $Y = AB + A'BC + A'C'$。保存原理图,双击"View VHDL Function Model"进入"工程向导(Project Navigator)"中的"Source in Project",查看结果。打印并附上原理图文件和 VHDL 文件,根据 VHDL 列表勾画一个电路。后面将会讨论原始的原理图和电路草图之间的区别。

问题 5.3 使用 Xilinx HDL 工具输入、仿真和综合一个 4 输入、2 输出的逻辑电路,电路的行为由下列两个表达式决定。用前面原理图创建电路方法,通过波形编辑器创建激励文件。打印并提交 VHDL 源文件和仿真输出。

$RED = A'D + AB'C' + ACD + AB' + BD$ $YELLOW = AB + AC + BC + A'B$

问题 5.4 使用 Xilinx HDL 工具输入、仿真和综合如图 5.5 所示的两个逻辑电路。通过创建和运行 VHDL 的测试向量文件对 VHDL 源文件进行仿真。打印并提交 VHDL 源文件、VHDL 测试文件和仿真输出。

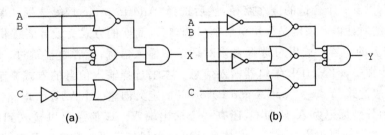

图 5.5 问题 5.4 的图

问题 5.5 用 Xilinx HDL 工具输入和仿真一个 3 输入、2 输出的电路,该电路的行为由表 5.1 所给出的真值表定义。将该电路创建成一个宏单元模块并添加该模块到一个新创建的原理图页面中。使用波形编辑器的仿真接口仿真该原理图。打印并提交 VHDL 源文件、原理图以及仿真输出。

提示:读者可以选择任何一种方法实现这个真值表的功能——可以简单输入没有化简的逻辑表达式,或者输入化简后的表达式,或者使用选择赋值语句编写 VHDL 代码直接实现这个真值表(参照本章附录 2 中的例子)。

表 5.1 问题 5.5 的表

A	B	C	F	G
0	0	0	1	1
0	0	1	0	1
0	1	0	1	0
0	1	1	0	1
1	0	0	0	1
1	0	1	1	1
1	1	0	1	0
1	1	1	1	1

第5章 VHDL语言介绍

问题 5.6 使用 Xilinx HDL 工具实现两个 4 输入与门逻辑电路,输入可以看作是 2 个 4 位的总线。在 Digilent 开发板上通过将第一个 4 位的总线连接到 4 个开关上,第二个 4 位的总线也连接到 4 个开关上,并且将输出连接到 4 个 LED 灯上。跟实验室老师说明你的工程,并且打印、提交源文件。

额外学分(EC) 使用 VHDL 测试文件给总线赋值,仿真问题 5.6 中的电路。打印并提交测试文件和正确的仿真输出。

附录 使用 Xilinx VHDL 工具

用第 3 章创建原理图工程的方法,新建一个 VHDL 工程。新工程创建之后,在 process 窗口中单击"Create New Source"。在打开的选择源文件窗口中选择 VHDL 类型,并输入一个合适的文件名,以及一个合适的文件路径,然后选择"Add to project"复选框。单击"Next"按钮到定义模块的对话框。该定义模块对话框可选,它以简便的方式为设计者提供产生 VHDL 源文件中所需要的内容。读者可选择在该对话框中输入信息;或者直接跳过,不输入任何信息,而在后续步骤中,向 VHDL 编辑器输入信息。本书选择输入信息的方式来节省时间并提高效率。通过表达式"Y<=(not A and B) or C"的定义创建一个 VHDL 电路。这个电路使用 3 个输入端,分别标记为 A、B 和 C,还有一个输出端 Y。该信息可以输入到对话框中,如图 5.6 所示(Y 的方向要改为"out")。实体名称可以由任何字母与数字以及字符串组成,并在最上面的对话框中输入。读者可以任意命名,但较好的做法是选择在后面可以帮助你区别文件的名字,也就是和文件名一样。结构体的名字可以是任何有效的字母数字和字符串。现在,使用默认名字"Behavioral"。单击"Next"按钮到概览窗口,并单击"Finish"按钮,启动 VHDL 编辑器。当 VHDL 编辑器打开时,会自动打开一个文件,这个文件包含了读者在新文件向导中输入的所有信息,以及其他一些附加信息。

VHDL 源文件中的注释由绿色字体表示,通常以双横杠线开始,且必须用横杠线来定义。任何双横杠线之间或双横杠线后面的内容都作为注释,并被所有 VHDL 工具忽略。库文件和包文件通常定义在源文件的开头部分。"library"和"use"语句对工程而言是极其重要的可见信息——现在,简单地把它们留在源文件中。它们的功能将在后面工程中加以解释。

Entity(实体)定义了外部可见端口。工程中的每一个实体的名字必须唯一,并且一旦定

第 5 章　VHDL 语言介绍

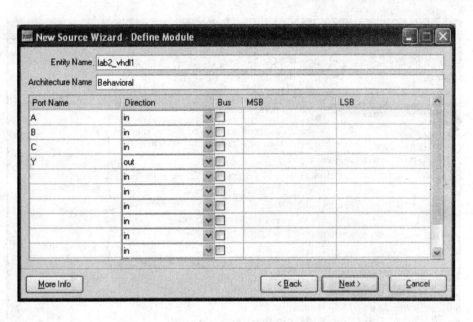

图 5.6　定义模块对话框

义,每个实体在其他设计中将作为一个元器件存在。Port(端口)是实体中的主要成分。端口定义了所有的输入、输出信号,以及信号的方向("in""out"或是"inout")及类型。后面将详细讨论这些类型。这里,设计者创建的几乎所有设计都选用"STD_LOGIC"类型(STD_LOGIC是 VHDL 的一种类型,表示实际电路连接线的类型,所以它是最常用的数据类型)。

图 5.7 给出了一个 VHDL 源文件示例。所有代码除了结构体中"begin"与"end"之间的代码之外,其余都是使用定义模块向导生成的。"library"和"use"语句几乎在每个源文件的最上面都会出现。实体和端口声明也会在代码中出现。

结构体(Architecture)定义了电路的行为——读者必须在结构体"begin"和"end"之间输入有效的 VHDL 语句来定义电路的行为。注意,图 5.3 中"begin"、"end"之间的区域是一个"并行区域"。这是因为在该区域内描述的语句都被 VHDL 仿真器并行执行("并行"意味着这些语句不会被仿真器按照在源文件中的顺序来执行,而是当仿真器发现输入信号发生改变时同时执行这些语句)。在设计物理电路时就要求并行。这个概念将在后面作详细的介绍。

要想完成这个 VHDL 源文件,设计者还必须将 VHDL 赋值表达式"Y<=((not A) and B) or C"输入到并行区域内来描述电路行为。这个完整的 VHDL 源文件此时可以用来仿真和综合,最后下载到 Digilent 开发板中。

要对 VHDL 源文件进行仿真,可采用原理图的仿真方法(即使用 WebPack 的波形编辑器创建一个新的源文件,并定义输入激励信号,然后用这个激励文件来运行仿真器并验证结果)。但对于用 VHDL 源文件创建激励输入,有一个更为有效的方法,并且该方法易于维护、修改并

第5章 VHDL语言介绍

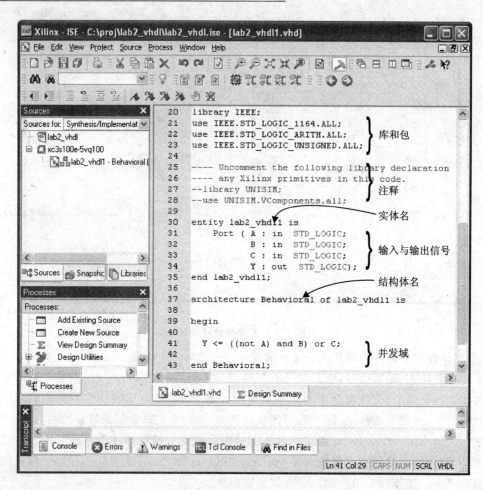

图5.7 一个VHDL源文件示例

适用于其他VHDL设计。

对VHDL源文件进行综合时,在工程导航器的"源文件(Source)"窗口中,选定要综合的源文件的名称,然后在"Processes"窗口中双击"Synthesize"菜单。如果综合完成后没有错误,一个绿色的选项标记(小勾)会在"synthesize"菜单中显示,还有一个"process completed successfully"的消息显示在状态窗口中,状态窗口将引导读者执行后续的操作。注意,如果有错误显示,其错误会链接到源代码中出错的地方,在状态窗口中双击红色的"error",就会自动跳到源文件中出错的行。

可以将VHDL模块加入到原理图中(有时并不需要)。为VHDL模块创建一个原理图符号,首先在"Sources"窗口中选择VHDL源文件名,并在"Processes"窗口的"Design Utilities"块中双击"Create Schematic Symbol"菜单项,来创建VHDL模块的原理图符号,这样就可以将其加到任意原理图中。

在后面的章节中将涉及 VHDL 语言的更多特性，并看到更多新电路的 VHDL 代码。除本章给出的这些资料以外，读者可以在 ISE/Webpack 工具和其他许多网页中找到大量的参考资料(例如，在 ISE VHDL 编辑器工具栏中的灯泡图标中获得"语言助手(language assistant)"的帮助)。

VHDL 测试平台

如其他源文件那样，测试文件可以用同样的方法加入到工程中(即添加一个新源文件到工程中，但是选择源文件类型是"VHDL test bench")。创建成功后，通过选择测试源文件运行仿真，然后选择"Processes"窗口中的仿真处理。在测试文件中定义仿真输入，可以更加方便地创建更大范围的仿真输入，尤其是可以方便地创建输入信号的时序。本章中的练习，需要读者能够创建指定的输入信号时序。接下来给出测试文件的一个范例，可供本章练习时参考。

VHDL 测试文件也是一个实体——结构体对，相对于其他 VHDL 简单一些，它的实体是空的(见下面的范例)，且在仿真时需要例化 VHDL 源文件，将 VHDL 源文件作为一个元器件。读完下面的例子，读者可以创建一个合适的测试文件来仿真本章的练习。在后续章节将详细介绍测试文件以及它的作用和性能。

```
Library ieee;
use ieee.std_logic_1164.all;              ⎫
use ieee.std_logic_unsigned.all;          ⎬ 含有库和包的标准头文件
use ieee.numeric_std.all;                 ⎭

entity lab5test_bench is                  ⎫ 适用于所有测试文件的"空"实体声明，
end lab5test_bench;                       ⎭ 实体名可为任何合法的字符串

architecture test of lab5test_bench is
    component ex1                                 ⎫ 被测试的实体(EUT)须声明为元件，
        port(a, b, c : in std_logic;              ⎬ 端口必须与 EUT 中声明的端口严格匹配
             y : out std_logic);                  ⎭
    end component;

    signal a, b, c, y : std_logic;        ⎱ 与实体端口引脚相连接的所有信号必须被声明
                                          ⎰ 为信号
begin
    EUT: ex1 port map(a => a,             ⎫
                      b => b,             ⎬ EUT 必须要例化，端口映射语句将声明的信号
                      c => c,             ⎬ 映射到 EUT 的端口引脚，一般情况下取相同的
                      y => y);            ⎭ 名称
```

第5章 VHDL 语言介绍

```
process begin
    a <= '0';
    b <= '0';
    c <= '0';
    wait for100 ns;
    a <= '1';
    wait for100 ns;
    b <= '1';
    wait for100 ns;
    c <= '1';
    wait for 100 ns;
    a <= '0';
    wait for100 ns;
    b <= '0';
    wait for100 ns;
    c <= '0';
end process;
end test;
```

定义输入激励的语句放在"Process"语句中,这样"Wait"语句能用来控制经过的时间

根据真值表直接创建的 VHDL 样例源文件

```
library IEEE;
use IEEE.std_logic_1164.all;

-- Implement the following truth table in VHDL
--
--    A B C X Y
--    0 0 0 1 0
--    0 0 1 0 1
--    0 1 0 0 0
--    0 1 1 0 1
--    1 0 0 1 0
--    1 0 1 0 1
--    1 1 0 1 1
--    1 1 1 0 1

entity ttable is
    port (ABC:      in STD_LOGIC_VECTOR(2 downto 0);
```

```
              X,Y:     out STD_LOGIC);
end ttable;

architecture behavioral of ttable is

signal OUTS : STD_LOGIC_VECTOR(1 downto 0)

begin
  with ABC select
      OUTS <= "10" when "000",
              "01" when "001",
              "00" when "010",
              "01" when "011",
              "10" when "100",
              "01" when "101",
              "11" when "110",
              "01" when others;      --在这里用了"others"子句
                                     --不用"111"的原因以后解释
    X <= OUTS(1); Y<= OUTS(0);

end behavioral;
```

第 6 章 组合逻辑块

6.1 概述

本章主要介绍数字设计者经常用到的几种组合逻辑电路,包括数据选择器、二进制译码器、七段译码器、编码器以及移位寄存器。这些电路可以解决简单的逻辑问题,但在更大、更复杂的电路中往往作为结构单元而存在。本章遵循基本的设计过程,从基本原理设计出一些电路,这些电路在后续章节的设计中将会用到,在更大规模的设计中作为一个模块(或者是宏)。

基本的设计包含五个主要步骤。第一,在开始设计之前明确设计该电路的目的。在设计之初,对电路设计的需求理解来自许多方面,包括他人的、以前的设计者或者现在竞争对手的、论文中的或者自己的深刻见解。从现在开始,相关的讨论都是引导读者清晰地理解每个新电路的设计需求。第二,用框图说明所有输入、输出信号。框图是任何设计中不可缺少的部分,在设计复杂电路时更能体现它的作用。在设计和确定框图时,读者将用到一系列的输入、输出信号,这些信号定义了设计的内容和边界。第三,用工程行为方式,如真值表或逻辑表达式描述设计需求。这个行为将消除设计中的所有不确定性,并且创建一个电路的设计规范。第四,使用规范的描述实现符合设计需求的最简化电路。第五,使用 ISE/WebPack 工具和 Digilent 开发板来创建并实现这些电路,然后通过检查硬件确认电路是否完全符合行为需求。

阅读本章前,你应该:

- 能够描述、设计以及化简组合逻辑系统;
- 能够在 Xilinx WebPack 环境中使用基于原理图或基于 VHDL 语言的方法设计电路;
- 能够将 WebPack 设计的电路下载到 Digilent 开发板中。

本章结束后,你应该:

- 理解译码器、多路选择器、编码器以及移位寄存器电路的应用、功能以及结构;
- 知道怎样在更复杂的设计方案中使用这些电路;

第6章 组合逻辑块

- 能够在 Xilinx CAD 工具环境中快速实现这些电路。

完成本章练习,你需要准备:

- 一台装有 Windows 操作系统的个人计算机,以便运行 Xilinx 公司的 ISE/WedPack 软件;
- 一块 Digilent FPGA 开发板。

6.2 背景介绍

6.2.1 信号的二进制码(总线)

在数字系统中,所有的信息都必须被编码为传递逻辑高电平("1")或逻辑低电平("0")的信号。独立的信号通常组合在一起构成一个逻辑单元,称为"总线",并用之表述一组二进制码。例如,四路信号组成一组就可以看作一个逻辑组合并用 4 位二进制码来表示 0~9 的十进制数(0000~1001),或者表示所有的 16 个数(0000~1111)。

如图 6.1 所示,两个输入 A 和 B 以及输出 Z 都用了粗实线表示,并且上面还打上了一个斜杠,斜杠附近还有个数字"8"。这样的符号通常用来表示一组逻辑信号,并被看作是传递二进制码的一条总线。在这个例子中,A 和 B 是 8 位总线,意思是每个输入都是由 8 条连接线组成的。这 8 条连接线组合在一起表示一个 8 位二进制码。输出总线 Z 是 16 位总线,可以传递 16 位的二进制码,而输出 X 和 Y 就是简单的 1 位信号连接线。

图 6.1 总线示例

几乎所有的原理图绘制工具都用相同的方式来表示总线。即在给定的名称后面加上两个数字,并用括号括起来,数字中间用冒号分隔。例如,标记为"A(7:0)"的总线就表示名称为"A"的总线是一条 8 位总线。总线中的每条连接线都有其唯一的名称,用该总线的"根"名称再加上指定位置的数字来表示。例如,A0 表示总线中的第 0 条连接线,A4 表示总线中的第 4 条连接线。注意,尽管使用总线方式使得表示一组相近的信号更加容易,但有时候还会用独立的连接线来表示这些信号(同时注意,如果读者要在电路板上搭建电路,每条总线都需要有 8 条独立的连线)。

在 Xilinx 原理图绘制工具中,在原理图中添加一条总线和添加单条连接线的方式极为相似。在原理图中添加一条总线,首先用连接线添加工具画一条线,然后选择"Add"→"Net-Name"(添加→网络名称)。使用总线命名方式(总线名称(高位:低位))来为这条线命名,然后原理图工具就会自动创建出这条总线(一般情况最高位都是 7 或 15,最低位是 0)。例如,一条线命名为 A(7:0)就表示名称为"A"的 8 位总线。总线一般用来连接具有总线处理能力的器件(例如,总线连接的器件都有总线引脚,而不是只有单个逻辑信号引脚)。如果要连接总线中的单个引脚,可以增加一个"总线抽头"并用信号名称来标记该抽头(例如,如果要存取总线 A 的第 5 个信号,那么可以增加一个标记为 A(5)的抽头)。在 VHDL 中,可以使用 STD_LOG-IC_VECTOR(标准逻辑矢量)类型定义总线。例如,一个名称为 A 的 8 位输入总线在 VHDL 端口表示式中的定义为"A: in STD_LOGIC_VECTOR(7 downto 0)"。这条总线可以简称为"A",并且第 5 个信号可以写成 A(5)。

6.2.2 多输出电路的化简

在前面的练习中,已经讨论过如何化简单个输出、多个输入电路的方法。对一些简单的电路可以使用布尔代数和 K 图来找出正确的简化电路。但在更多的情况下,逻辑系统根据相同的输入会产生不止一个输出。在较复杂的设计中,"笔-纸"的手工方法有一定的局限性,而用基于计算机的方法也就更加势在必行。在实际应用中,一个逻辑系统如果包括超过 5 或 6 个输入或者 2 个及 2 个以上的输出,那么最好使用基于计算机的方法来简化系统。此外,使用基于计算机的工具可以将设计人员从枯燥并且高强度的设计中解放出来,因此设计者可以有更多的时间来研究设计需求并对不同的设计方法进行充分的验证。在分析完成各种高层次的设计方法后,就可以方便地使用如简化工具、综合工具以及优化工具这些计算机工具来实现电路。

在如图 6.2 所示例子中,有一个 4 输入、3 输出的逻辑系统。该设计可以被分割成 3 个独立而唯一的逻辑电路,每一个电路都使用相同的 4 个输入,最后再将这 3 个电路组合到一起。3 个电路都可以互不干扰地独自找出其优化方案,用下标"LM"表示("LM"表示本地最简化)。这种"一次一个"的解决方式确实是最简单的,但是它却忽略了一个可能存在的全局优化方案。明确地说,如果所有的逻辑功能在一起分析,那么就可以找到全局更优化的方案,然后将一或两个独立功能再进行局部优化。通过列出所有可能的乘积项(包括没有经过化简的项)开始对多输出进行分析,从中找出那些出现在多个表达式中的所有乘积项。所有的乘积项,每一项都定义了一个功能。每个共享乘积项然后被有规则地嵌入到能够用它的每一个表达式中,看是否会出现更简化的表达式。完成这一步后,就可以找出一个真正的全局最简化表达式了。

如图 6.2(a)中包围两个 1 的环形圈和图 6.2(c)中只包围一个 1 的环形圈表示各子图中使用的子-优化组,并用来构成全局最简化表达式。下标有"GM"的表达式中阴影框里的项为其子图独有的乘积项,没有阴影的项表示共享的乘积项。各自独立的最简化方案需要 12 个门电路和 37 个输入,而全局最简化方案只需要 10 个门电路和 34 个输入。基于计算机的算法,如 espresso,会为多输出逻辑系统自动查找全局最简化方案。这样的方法比"笔-纸"的手动方法更加实用,更加快速,而且产生的错误也更少。

$X = \Sigma m(1, 2, 5, 9, 11, 12, 13, 14, 15)$ $Y = \Sigma m(3, 9, 11, 14, 15)$ $Z = \Sigma m(2, 3, 9, 11, 12, 13)$

$X_{GM} = A \cdot B \cdot C' + A \cdot B \cdot C + A \cdot B' \cdot D + C' \cdot D + A' \cdot B' \cdot C \cdot D'$
$X_{LM} = A \cdot D + A \cdot B \cdot D' + C' \cdot D + A' \cdot B' \cdot C \cdot D'$

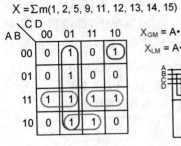
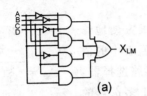

(a)

$Y = A' \cdot B' \cdot C \cdot D + A \cdot B \cdot C + A \cdot B' \cdot D$

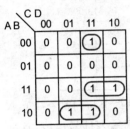
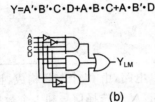
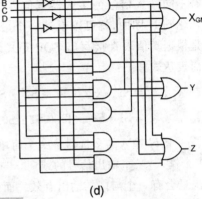

(b)

$Z_{GM} = A' \cdot B' \cdot C \cdot D + A' \cdot B' \cdot C \cdot D' + A \cdot B \cdot C' + A \cdot B' \cdot D$
$Z_{LM} = A' \cdot B' \cdot C + A \cdot B \cdot C' + A \cdot B' \cdot D$

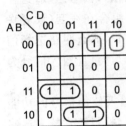
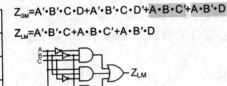

(c)

(d)

图 6.2　子电路优化后再组合

6.3　组合电路块

6.3.1　数据选择器(多路选择器)

数据选择器,通常也称为多路选择器(或简称为多选器(Mux)),其功能是通过对输入信号的"选择"或控制,使多路输入的信号中只能有一路对外输出。多选器有 N 路数据输入信号,$\log_2 N$ 路选择信号,还有一路输出。在操作过程中,选择信号决定哪一路输入信号可以输出,则这一路的输入信号的电平被驱动到输出。所有未被选中的输入信号都将被忽略。例如,如果一个 4 选 1 多路选择器的两路选择信号 S1 和 S0 分别为"1"和"0",那么输出信号就是第 I2 路的输入信号。

通常,多选器都是 2 选 1(1 个选择信号)、4 选 1(2 个选择信号)、以及 8 选 1(3 个选择信

第6章 组合逻辑块

号)的形式。表 6.1 描述了一个 4 选 1 多选器的行为。注意,要在真值表中使用加入的变量,因为如果不使用加入变量的话,那么就需要 6 列和 2^6(或 64)行。一般情况下,都使用加入变量的真值表来描述电路,"控制"信号作为表头的变量(column-heading variables),而数据输入信号作为加入变量。

这样,通过对控制信号的增减,就可以很方便地修改有不同输入信号的多选器真值表。将真值表中的信息转化到 K 图中,就可以设计一个最简的多路选择器,或是根据真值表直接写出 SOP 等式。4 选 1 多选器的最简表达式如下:

$$Y = S1' \cdot S0' \cdot I0 + S1' \cdot S0 \cdot I1 + S1 \cdot S0' \cdot I2 + S1 \cdot S0 \cdot I3$$

表 6.1 4 选 1 多路选择器真值表

S1	S0	Y
0	0	I0
0	1	I1
1	0	I2
1	1	I3

一个 N 输入的多选器是一个简单的 SOP 电路,由 N 个与门构成,且每个与门都有 $\log_2 N$ +1 个输入,一个输出信号的或门。与门由 $\log_2 N$ 个选择信号和 1 个数据输入信号组成,这样每次只会有一个与门的输出有效。而或门的作用就是将这些与门的输出组合在一起(读者将会在练习中完成选择器的描述)。例如,在 4 输入多选器中选择输入信号 I2,那么两路选择信号就要设置为 S1=1,S2=0。这样,输入的与运算就是使用一个 3 输入的与门,且输入信号为 S1、S0′以及 I2。

通常,多选器电路中会对其他输入信号附加上一个输入使能信号。输入使能信号的功能是作为全局的开关。当使能信号无效时,输出全为"0",当使能信号有效时,执行正常的多选器操作。

大型多路选择器可以简单地由小型多路选择器来构造。例如,一个 8 选 1 多选器就可以用两个 4 选 1 多选器和一个 2 选 1 多选器构造。其中,4 选 1 多选器的输出是作为 2 选 1 多选器的输入,并且用最终的选择信号来选定 2 选 1 多选器中的输入信号。

多路选择器一般在计算机系统中使用,将数据从存储阵列中传送到数据处理电路中。在这一应用中,内存地址线连接在多选器的选择信号线上,内存地址单元中的内容放在多选器的数据输入端(多路选择器的这一应用将在后面处理器内存系统的实验中讨论)。由于计算机系统中很多数据单元都是用字节或字表示的,字包括 8 位、16 位或者 32 位,那么计算机系统的多路选择器也要能够一次性切换 8、16、32 或者更多路的信号。可以同时切换很多信号的多路选择器就称为"总线多路选择器"。如图 6.3 所示的结构和原理图,该总线多路选择器可以从 4 路 8 位单元中选择一路输出。

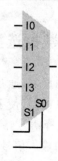

图 6.3 Mux 电路符号

第6章 组合逻辑块

由于多选器最常应用的内容已超出本章所讨论的范围,所以可以先考虑一个不太通用的、带一点示范性质的应用。考虑一个给定逻辑功能的 K 图描述,其中每一个 K 图单元含有"0"或"1",或一个加入变量表达式。每一种 K 图索引变量的唯一性组合都可以选定 K 图的一个单元(例如,一个 8 单元的 K 图,如果 A=1,B=1,C=0,那么就选定了单元 6)。现在考虑一个多选器,输入信号的唯一性组合可以选择特定的输入数据到输出(例如,一个 8 输入多选器如果其选择信号设置为 A=1,B=1,C=0,那么选定了 I6 作为输出信号)。这样,如果给定的逻辑功能中的输入信号就是多选器中的选择信号,那么也一定是 K 图中的索引变量。这样,K 图中的每个单元都对应到多选器中指定的数据输入上。这就意味着,可以通过将 K 图中的单元内容连接到多选器的输入线上,将 K 图中的索引变量连接到多选器的选择信号线上来实现多选器的逻辑功能(图 6.4)。当 K 图单元中含有"0"时,其相应的多选器数据输入连接到"0"(或是地);当 K 图单元中含有"1"时,其相应的多选器数据输入连接到"1"(或是电源 V_{DD});如果 K 图单元中含有变量表达式,那么执行该表达式的电路就会连接到相应的多路选择输入端。注意,当从真值表或 K 图中直接实现多选器时,则不进行逻辑化简。这样虽然节省了时间,但实现的电路的效率较低(然而,在可编程器件实现电路之前,逻辑综合器会消除效率低的部分)。

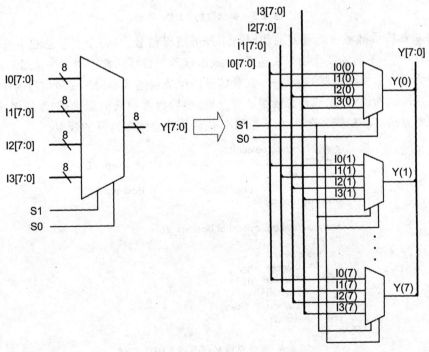

图 6.4　8 位总线多选器的电路结构

第 6 章 组合逻辑块

如图 6.5 和图 6.6 所示的例子说明,多选器也可以很方便地用基于行为的 VHDL 来描述,只需要一个选择信号来控制表达式赋值的语句。通过比较输入信号 sel 的值来描述功能,对应的 VHDL 是 when 语句:输出变量 Y 根据 sel 的值是"00"、"01"、"10"、或是"11"获得不同的值"I0"、"I1"、"I2"、"I3"(在选择信号分配的描述中,"when other"语句将作为最后一种情况,原因将在以后解释)。另外,对于赋值给单独的信号或者总线,所选的信号赋值语句也可以用来把算术与/或逻辑运算后的结果赋值给输出。

```
entity mux_select is
  port ( I3, I2, I1, I0: in std_logic ;
         sel  : in std_logic _vector (1 downto 0);
         Y    : out std_logic );
end mux_select;

architecture behavioral of mux_select is
Begin
 with sel select
    Y <= I0 when  "00" ;
         I1 when  "01" ;
         I2 when  "10" ;
         I3 when  thers;
end behavioral;
```

图 6.5 多选器的 VHDL 描述

如图 6.6 所示例子中多选器的代码是用开关逻辑信号,是一个 8 位总线多选器的代码。注意,代码中唯一不同的就是端口表达式,总线多选器的数据元素声明为矢量而不是信号。同时也要注意到在总线多选器的例子中,矢量信号的赋值表达式等同于一般信号的赋值表达式。仔细阅读这两例的代码,尤其是总线多选器代码,然后再看前面的原理图,最后考虑并对比一下用原理图方法实现总线多选器和用 VHDL 代码创建总线多选器的效率。

```
entity busmux_select is
  port ( I3, I2, I1, I0: in std_logic _vector (7 downto 0);
         sel  : in std_logic _vector (1 downto 0);
         Y    : outstd_logic _vector (7 downto 0));
end busmux_select;

architecture behavioral of busmux_select is
Begin
 with sel select
    Y <= I0 when  "00" ;
         I1 when  "01" ;
         I2 when  "10" ;
         I3 when  "others;
end behavioral;
```

图 6.6 8 位总线多选器的 VHDL 描述

VHDL 源代码可以用于实现更为复杂的多选器电路,如将原有的任一输出经过各种逻辑功能变换后再输出,如图 6.7 所示。这个例子的代码使用了"条件赋值"语句。条件赋值语句和选择信号赋值都可以简洁地描述更加复杂的逻辑,并且通常会交替使用。在绝大多数情况下,无论是使用选择语句还是条件语句,综合后的电路都是相同的。两个语句之间也存在细微的差别,这将在后面讨论。现在,可以由读者自己选择使用哪种语句。

```
entity mux_cond is
    port (A, B, C : in std_logic_vector (7 downto 0);
          Sel     : in std_logic_vector (1 downto 0);
          Y       : out std_logic_vector (7 downto 0));
end mux_cond;

architecture behavioral of mux_cond is
Begin
    Y <=  (A or not C) when  (Sel = "00") else
          (A xor B) when     (Sel = "01") else
          not A when         (Sel = "10") else
          (B nand C);
end behavioral;
```

图 6.7 条件赋值语句描述的多选器代码

条件赋值语句使用"when-else"语句来描述组合逻辑。如图 6.7 中的代码所示,条件赋值语句是经常使用的赋值语句。

6.3.2 译码器

译码电路是 N 位二进制码形式的输入,并根据要求产生一个或多个输出。译码器输入部分可以看作是由二进制数来表示的编码值,而输出一般用来驱动基于码值的其他电路或器件。例如,一个 PS/2 键盘译码器,会将每一次按下键盘所形成的"扫描码"进行译码(在 PS/2 键盘上,每一个按键都有其唯一的二进制码,这就是扫描码)。绝大多数的键盘扫描码都会简单地直接发送到主机来处理,但是也有一部分扫描码完成特定的功能。例如,如果按下"caps lock"按键,就会产生一个信号并点亮键盘上的显示灯;如果按下"Cntrl+Alt+Del",那么就产生一个信号来中断 PC 的操作。

这里讨论两种不同的译码器:简单的二进制译码器和七段译码器,七段译码器一般用于数字显示。

一个二进制译码器有 N 个输入和 2^N 个输出。它接收 N 个输入(一般用总线来表示一组二进制数)并根据输入有一个且只有一个输出信号有效。如果将 N 个输入看作是 N -位的二进制码,那么只有与这个二进制码相对应的输出才会有效。例如,一个二进制码 5(或 101)输入到一个 3:8 译码器中,那么该译码器只有第 5 路输出会有效,而其他几路输出都无效。实际应用的译码电路一般都是 2 个输入和 $2^2(4)$ 个输出的 2:4 译码器,3 个输入和 $2^3(8)$ 个输出的

第6章 组合逻辑块

3:8译码器(图6.8),以及4个输入和 2^4 (16)个输出的4:16译码器。一个译码器电路需要一个与门驱动一个输出,并且每个与门都只对应一个二进制数。例如,一个3:8译码器需要8个与门,第一个与门输入为 $A' \cdot B' \cdot C'$,第二个与门输入为 $A' \cdot B' \cdot C$,第三个与门输入为 $A' \cdot B \cdot C'$,依次类推。

如果需要使用一个超过4:16的译码器,那么可以用较小的译码器来构造。要构造大型的译码电路,必须使用带有输入使能信号的译码器。与多选器一样,在译码器中,当输入使能信号无效时,所有输出均为"0";当输入使能信号有效时,译码器正常工作。

图6.8 3:8译码器符号

译码器通常在复杂数字系统中使用,用来指定内存位置,即由计算设备产生的"地址"。在这一应用中,地址就是输入数据的编码,而输出就是指定内存单元的选择信号。在典型的存储器电路中,通常都用译码器来选择需要写入的内存单元,用多选器和内存单元本身来选择要读的内存单元。

与多选器一样,译码器最常用的内容已超出本书目前讨论的范围,所以可以只考虑一个不太通用且带有示范性质的应用。考虑一个译码器的功能,它的真值表、K图或最小项表述。真值表中的每一行,K图中的每一个单元还有等式中每一个最小项标号,都表示一种特定的输入组合。每个译码器的输出都只对应一个输入的逻辑组合。因此,如果给定的逻辑功能的输入连接到了译码器的输入端,同时也作为K图的输入逻辑变量,那么在K图单元和译码器输出之间就产生了一一映射关系。真值表和K图描述的逻辑功能都可以直接用译码器来实现,只需要将真值表中所有含"1"的行或K图中所有含"1"的单元相对应的输出信号进行或运算就可以了(与真值表中所有含"0"的行或K图中所有含"0"的单元相对应的译码器输出不连接)。在这样的电路中,如果真值表行中或K图单元中为"1",那么其相应的输入组合也能驱动或门输出为"1";同样,如果真值表行中或K图单元中为"0",那么相应的输入组合驱动或门的输出为"0"。注意,当用译码器直接实现真值表或K图中的电路时,不需要化简逻辑。用这种方法实现译码器可以节省时间,但是实现的电路效率不高(同样,在可编程器件实现电路之前,逻辑综合器会消除效率低的部分)。

如图6.9所示,用VHDL的选择语句进行行为描述就可以简单地实现译码电路。在该例中,输入和输出都作为一组总线,这样就可以使用选择语句。输入可以单独地表示为I(1)和I(0),输出也可以单独地表示为Y(0)到Y(3)。通过代码的简单修改就可以产生任意大小的译码器。

```
entity decoder is
  port ( in:    in std_logic_vector (1 downto 0);
         Y:     out std_logic_vector (7 downto 0));
end decoder;

architecture behavioral of decoder is
Begin
  with in select
    Y <=  "0001" when "00";
          "0010" when "01";
          "0100" when "10";
          "1000" when "others";
end behavioral;
```

图 6.9 2:4 译码器的 VHDL 代码

6.3.3 数据分配器

本书使用的名词"数据分配器"(多路复用器),最初起源于通信系统。它用于通信系统中一个信号在同一时刻或不同时刻传送很多信息的定义。"时分复用"描述了一个这样的系统,使用同一物理信道在不同的时刻来传送不同的信息(图 6.10)。如果给定的信道容量大于一个信息的信息量,那么就可以用时分复用的方法。例如,如果有 10 条信息,每条信息都需要每秒传递 1 kbits 的信息量,此外,存在一个信道,该信道容量是 10 kbits/s,那么就可以使用时分复用的方法在每秒之内提供 10 个 1 kbits 的时间窗口,每个时间窗口对应一个信号。数据分配器就可以作为一个简单的时分分配器,那么选择信号就可以定义时间窗口,数据输入就是其数据源。

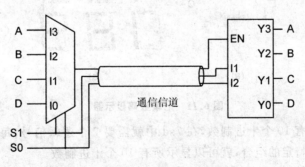

图 6.10 公共信道的时分复用

带有输入使能信号的译码器就可以作为数据多路分配器。只要数据分配器选定 N 路输入信号中的一路作为输出,那么数据分配器就可以将这一路输入信号对应到 N 路输出中的一路。数据选择器/数据分配器可以只用 $\log_2 N + 1$ 路信号将 N 路信号从一个地方传递到另一个地方。$\log_2 N$ 路信号用来选择数据选择器中的数据输入,并驱动译码器的输入端,而这几路信号的频率就决定了时间窗口的长度。多选器的输出信号驱动译码器的输入使能端,那么数据选择器输入端的逻辑电平也会同样作用在相应的译码器输出端,但这只是在数据选择器输入/译码器输出同时选定的情况下才出现。用这种方式可以使用 $\log_2 N+1$ 路信号将 N 路信号从一个地方传递到另一个地方,但是在某个时刻只有一个信号有效。

6.3.4 七段显示器和译码器

七段显示器(7sd)是日常应用中最普通的电子显示设备。它可以通过点亮和熄灭指定的段来显示任何的十进制数字。如图 6.11 所示,7sd 器件是由 7 个排列成图形"8"的发光二极管构成的。这些发光二极管的功能和单个发光二极管的功能一样——当有小电流通过它们时就发光。若指定的二极管发光,而其他的不发光,那么 7sd 就可以显示数字。比如,如果 b 和 c 段发光,其他段不发光,显示数字"1";如果 a、b 和 c 段发光,而其他段不发光,显示数字"7"。为了能在任何给定的发光二极管段上产生发光电流,就需要一个逻辑信号作用于该段发光二极管。在典型的 7sd 电路中,在发光二极管的阴极会放置一个限流电阻,在阳极放置一个三极管来提供额外的电流(绝大多数数字 IC 中的引脚,如 Digilent 开发板中的 FPGA 都不能提供足够的电流来点亮所有的显示段,一般需要使用一个三极管来提供更多的电流)。

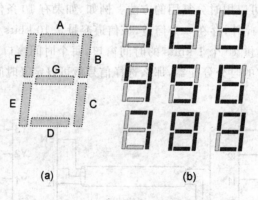

图 6.11 七段数码显示器

为了能够显示所有 10 个十进制数,在 7sd 中就需要 7 个逻辑信号,每个逻辑信号驱动一段。让这些信号对应特定的组合,就可以显示所有 10 个十进制数。

Digilent 开发板上使用共阳极显示,意思是所有的阳极共同连接在电路节点中,如图 6.12 所示。点亮指定数码管的特定的段,则该数码管的阳极必须对应"1",该段的阴极必须对应"0"(注意:对于 Digilent 开发板,将一个数码管的阳极连接到"1",通过将电路中的节点连接到"0"来驱动晶体管,因此 AN3 - AN0 的阳极是低电平有效)。

一个七段译码器(SSD)接收 4 路信号,这 4 路信号表示 4 位二进制码,并产生驱动 7 段数

第6章 组合逻辑块

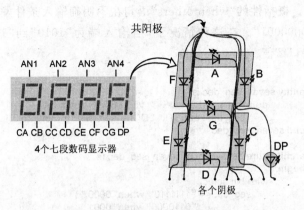

图 6.12 七段数码显示器共阳极接法

码管的7个输出信号(图 6.13)。因此,如果 SSD 输入为"0000",那么除了"g",所有的输出都有效(在 7sd 中显示"0");如果输入为"1000",那么所有的输出都有效(显示"8")。一般来说,输入信号名称为 B3～B0,输出信号是 A～F 6个表示驱动段的字母。与上面讨论的一样,7个输出中的每一个都可以被认为是一个独立的4输入逻辑设计问题,使用前面讨论的技术可以很容易地找出每个输出的优化电路。在本章的实验中,将把系统作为一个整体并使用不同的方法来优化它,即同时考虑所有7个输出。

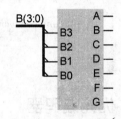

图 6.13 七段译码器的数据输入

在 VHDL 中使用选择赋值语句可以很容易描述一个 7sd。选择赋值语句可以用来实现任何真值表,将函数输入放在关键词"when"的右边,相应的输出放在"when"的左边。如图 6.14 所示,输入和输出变量都是矢量——"ins"表示一个2位二进制数,"outs"表示4位二进制数。正如在"选择器"中讨论的那样,在"ins"等于 when 语句中的值时,输出变量"outs"就会被赋值。所以,如果"ins"是"01"时,"outs"就会被赋值为"1010"。

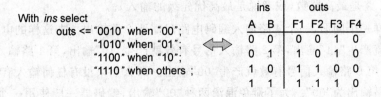

图 6.14 选择语言的功能

七段译码器的部分代码如图 6.15 所示。4个输入端(代表一个二进制数)组成 BIN 矢量,并且七段译码器的输出端组成 SEG_OUT 矢量。注意最后一行的"when others"语句是一个典型的选择赋值语句。概括性的"when others"语句在不明确输入条件发生时使用,给七段译码器的输出端分配"0000001"。在这种情况下,当输入端为"1010"到"1111"时,使用"when others"语句给输出端口赋值。

```
entity seven_seg_dec is
    port (bin: in STD_LOGIC_VECTOR (3 downto 0);
          seg_out : out STD_LOGIC_VECTOR (6 downto 0));
end seven_seg_dec;

architecture behavioral of seven_seg_dec is
begin
    with bin select
        seg_out <= "1111110 "when" 0000 " ;
                   "0110000"when" 0001 " ;
                            :
                   "0000001"when others ;
end behavioral;
```

图 6.15　七段译码器的 VHDL 代码

6.3.5　优先编码器

优先编码器(图 6.16)在某种意义上与译码器电路是一对"孪生兄弟"(或逆向电路)——它接收 N 路输入(N 一般为 4、8、16),并产生一个二进制码输出,位数为 $M=\log_2 N$ 位(所以 M 位二进制码一般是 2、3 或 4 位)。M 位二进制码指明了哪一路输入有效(如在 4∶2 编码器中,如果第 0 路输入有效,那么输出将产生二进制码 00;如果第 1 路输入有效,那么输出将产生二进制码 01;依次类推)。由于在给定的时间内可能会有一路以上输入信号有效,那么优先编码器将使最高位的输入信号所对应的输出有效(如在 4∶2 编码器中,如果第 0 路输入和第 2 路输入同时有效,输出端口输出的是 10,因为第 2 路是最高路数,或者说是最高优先级的输入)。

图 6.16　优先编码器

先考虑这样一个问题,一个 4 路输入编码电路只需要 2 路输出。在这样的电路中,第 3 路输入信号有效就产生"11"输出,第 2 路输入信号有效就产生"10"输出,第 1 路输入信号有效就产生"01"输出,第 0 路输入信号有效就产生"00"输出。那么如果没有任何输入有效,那么输出如何呢?回答是输出为"00"。为了避免混淆两种"00"输出,编码器一般使用一个"输入使能"(E_{in})信号和一个"输出使能"(E_{out})信号。E_{in} 的功能和其他使能信号的功能一样,当其无效时,所有的输出都是逻辑"0";当其有效时,译码器根据其输入来驱动输出。当且仅当 E_{in} 有效而无任何输入信号有效时,E_{out} 有效。因此,E_{out} 可以用来区别无输入信号和第 0 路输入有效。

第 6 章 组合逻辑块

大型编码器可以用小型编码器来实现,其方式与大型译码器可以用小型译码器实现一样。编码模块可以用来作为构造大型编码器的一个模块,但其必须有一个附加输出,称为组信号(GS)。只要 E_{in} 有效且有输入信号有效,那么 GS 信号有效,它是编码器输出数据元素中最重要的一位。

如果一个数字系统中,给定一个输入信号,必须要产生相应的二进制码,那么一般就要使用编码电路。例如,飞机上的每个座位都能产生"服务员呼叫"信号,那么就可以对飞机上的座位进行编码以确定实际呼叫的座位号。如果特定的输入信号一定要用指定的方式处理,那么也可以使用优先编码器。例如,从几个来源的输入可能同时到达,用优先编码器就可以选择哪一路输入可以优先处理。如图 6.17 所示为编码器的行为级 VHDL 代码。

```
entity encoder is
    port (ein :         in std_logic;
          I :           in std_logic_vector (3 downto 0);
          eout, gs :    out std_logic ;
          Y :           out std_logic_vector (1 downto 0));
end encoder;

architecture  Behavioral of encoder is
Begin
  eout <=ein and not I(3) and not I(2) and not I(1) and not I(0);
  gs <= ein and (I(3) or I(2) or I(1) or I(0));
  Y(1) <= I(3) or I(2);
  Y(0) <= I(3) or I(1);
end Behavioral;
```

图 6.17 优先编码器的 VHDL 代码

6.3.6 移位寄存器

移位寄存器电路就是根据 N 位输入信号和 M 位控制信号来产生 N 位的输出信号。这里 N 路输出实际上就是输入信号移位的结果。向左或向右移动的位数由控制输入决定。如图 6.18 中的第一行所示,8 位移位器可以向左或向右移动 1、2 或 3 位。其中,控制信号有几个不同的作用:两位信号 A1 和 A2 决定需要移动几位;由于移动造成空缺位时,填充信号 F 决定填充"1"还是填充"0";一个循环信号 R 用于决定移出的位是丢弃还是重新添入空缺位中;还有一个移动方向的信号 D 用来决定移动的方向(D=1,向右)。

当移位寄存器向左或向右移动时,一些位将会移出移位器的一端,并且被简单地作丢弃处理,新的二进制码要从另一端移入。如果没有 F 输入信号存在,那么将移入 0(输入信号 F 的作用是定义了移入到空缺位中的数是 1 还是 0)。如图 6.18 中第二行所示,移位寄存器提供了循环移位的功能,使之能重新捕获移出去的位,并将之添入到空缺的位中。

第6章 组合逻辑块

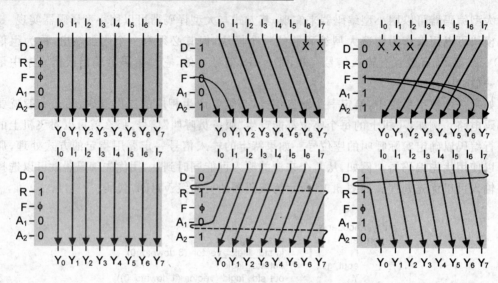

图6.18 移位寄存器工作示意图

根据移位寄存器中移位、循环、移动方向、填充以及位计数等功能,就可以设计出各种不同功能的移位寄存器。例如,设计一个简单的移位寄存器,功能表如表6.2所列。该4位移位寄存器,具有向左或向右移动一位和循环移动一位的功能($R=0$,移位;$R=1$,循环移位;$D=0$,左移;$D=1$,右移)。注意,真值表中使用了输入变量来压缩行数。使用"笔-纸"的手工方法或基于计算机的化简程序,就可以从真值表中找到最简的电路。

在数字电路中,如果一组信号表示二进制数,并在总线上移动数据位(如第2位数据左移5次到第7位),或作简单的乘法和除法运算,那么就可以使用移位寄存器(为什么要在总线上将数据从一个位置移动到另一个位置,这将在后续章节中讨论)。移位电路可以简单地左移1、2或3位来表示乘以2、4或8(同样地,通过右移1、2或3个位来表示除以2、4或8)。

如图6.19所示的 VHDL 设计,是一个简单的8位移位寄存器,并可以向左或向右循环移动一位。在这个例子中使用了条件赋值语句(该语句只在结构体中使用)。条件赋值语句使用"when/else"根据使能(en)、循环(r)以及移动方向(d)来给输出矢量赋不同的值。在条件赋值语句中,第一个赋值是当 en="0"时,总线输出全为0;其余情况是根据 r 和 d,通过使用连接符(&)完成移位或循环移位。

表6.2 具有移位、循环左移、右移的4位移位寄存器功能表

EN	R	D	Y_3	Y_2	Y_1	Y_0
0	φ	φ	0	0	0	0
1	0	0	I_2	I_1	I_0	0
1	0	1	0	I_3	I_2	I_1
1	1	0	I_2	I_1	I_0	I_3
1	1	1	I_0	I_3	I_2	I_1

```vhdl
entity my_shift is
  port ( din:    in std_logic_vector (7 downto 0);
         r, d, en: in std_logic ;
         dout:   out std_logic_vector (7 downto 0));
end my_shift;

architecture my_shift_arch of my_shift is
begin
  dout <= "00000000" when en = '0' else
    din(6 downto 0) & din(7) when (r = '1' and d = '0') else
    din(0) & din(7 downto 1) when (r = '1' and d = '1') else
    din(6 downto 0) & '0' when (r = '0' and d = '0') else
    '0' & din(7 downto 1);
end my_shift_arch;
```

图 6.19　移位寄存器的 VHDL 代码

第 6 章 组合逻辑块

练习 6 组合逻辑块

学生			等级			
我提交的是我自己完成的作业。我懂得如果为了学分提交他人的作业要受到处罚。			序号	分数	得分	
			1	3		总分
姓名 _____		学号 _____	2	2		
			3	3		
			4	2		
			5	2		第几周上交
签名 _____		日期 _____	6	2		
			7	2		
			8	2		
			9	2		
预计耗用时数			10	3		
1 2 3 4 5 6 7 8 9 10			11	5		
			12	6		
1 2 3 4 5 6 7 8 9 10			13	5		
实际耗用时数			14	15		最终得分
			最终得分:每迟交一周扣除总分的 20%			

问题 6.1 解释为什么本章图 6.2 中提到的 LM 电路门/输入数 12/37 与此图中展示的三个 LM 电路中的门数及输入总数不同。

问题 6.2 绘出图 6.20 所示电路中缺少的连线,完成 4 选 1 多路选择器电路图。

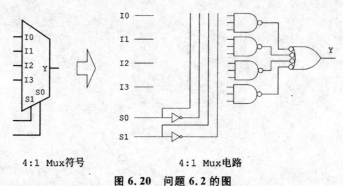

4:1 Mux 符号   4:1 Mux 电路

图 6.20 问题 6.2 的图

问题 6.3 完成图 6.21 中 4 选 1 多路选择器的真值表及电路图。真值表完成后,利用无关项化简所需求的行数。

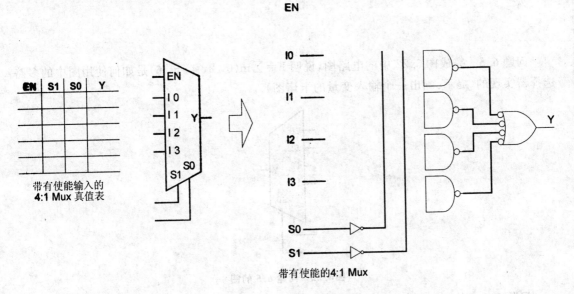

图 6.21 问题 6.3 的图

问题 6.4 用两个 4 选 1 多路选择器和一个 2 选 1 多路选择器绘出一个 8 选 1 多路选择器。列出所有输入和输出。

问题 6.5 完成图 6.22 中的电路图,说明 $F=\sum m(0,2,4,5,6)$ 是如何使用图中的多路选择器实现的(提示:画出一个输入变量的卡诺图)。

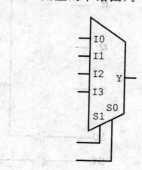

图 6.22 问题 6.5 的图

问题 6.6 绘出如图 6.23(b) 所示电路中缺少的连线,完成 3:8 译码器的原理图。

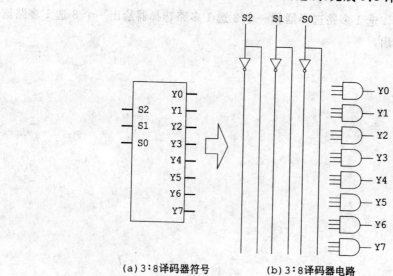

(a) 3:8 译码器符号   (b) 3:8 译码器电路

图 6.23 问题 6.6 的图

问题 6.7 绘出如图 6.24 所示电路中缺少的连线,使之成为 3:8 译码器的原理图。

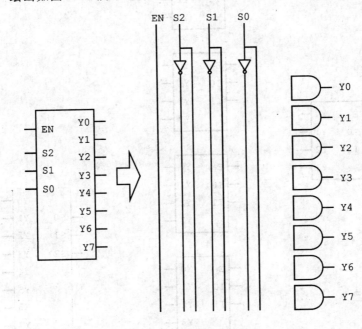

图 6.24 问题 6.7 的图

问题 6.8 绘出如图 6.25 所示电路中缺少的连线,用 4 个 2:4 译码器完成 4:16 译码器。列出所有的输入端和输出端。

问题 6.9 画出用如图 6.26 所示的 3:8 译码器实现逻辑方程 $F=\Sigma m(1,2,4,6)$ 的电路原理图并作说明。译码器的输入和输出都是高电平有效。

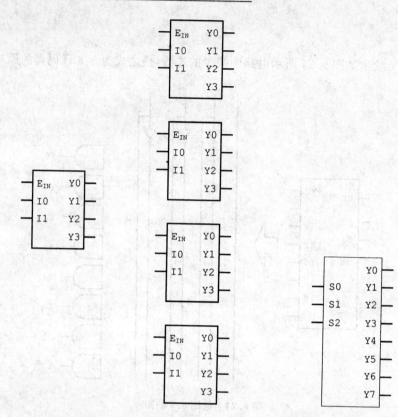

图 6.25 问题 6.8 的图   图 6.26 问题 6.9 的图

问题 6.10 完成如表 6.3 所列的真值表。表中列出了 9 个十进制数、它们的二进制表示和标有 A～G 的 7 列。A～G 列用来表示显示的数字必须是点亮的段。例如，代表"0"的第一行，A、B、C、D、E 和 F 必须亮，所以这些列中要置"1"。完成后，这个表可以当作一个七段译码器的真值表——反映了 4 个输入和 7 个输出之间的逻辑关系。注意到在这个真值表中，最后 6 个输入模式(1010～1111)与十进制数无关，因此它们是非法输入，所以读者不需要关心这些行。

表 6.3　问题 6.10 的表

十进制数	输入 4 位数				输出 段驱动功能						
	B3	B2	B1	B0	A	B	C	D	E	F	G
0	0	0	0	0							
1	0	0	0	1							
2	0	0	1	0							
3	0	0	1	1							
4	0	1	0	0							
5	0	1	0	1							
6	0	1	1	0							
7	0	1	1	1							
8	1	0	0	0							
9	1	0	0	1							
NA	1	0	1	0							
NA	1	0	1	1							
NA	1	1	0	0							
NA	1	1	0	1							
NA	1	1	1	0							
NA	1	1	1	1							

问题 6.11　自行选择用"笔-纸"的手工方法绘制原理图或者生成一个 VHDL 源文件的方法设计一个七段显示控制器电路。如果时间宽余可以选择原理图绘制，完成如图 6.27 所示的 K 图，用 WebPack 生成原理图，然后提交。如果读者选择使用 VHDL 实现，没有用 K 图实现，那么只需要创建和提交 VHDL 源文件，不需要提交空的 K 图。

问题 6.12　完成 3 输入的优先编码器的真值表（表 6.4）。完成后，注意到如果 I3 是"1"，不管 I2、I1 或者 I0 是什么，编码器的输出都是"11"。这样就导致了真值表中的无关项 I2~I0，使得设计变得更为简单（注意真值表中用 X 表示输入无关项）。当真值表完成后，用 E_{IN} 作为输入变量给 K 图传输信息。然后利用 K 图寻找最简的 SOP 方程。注意到虽然这是 5 输入、4 输出系统，但是能够通过观察 K 图找到最简电路（图 6.28）。

第6章 组合逻辑块

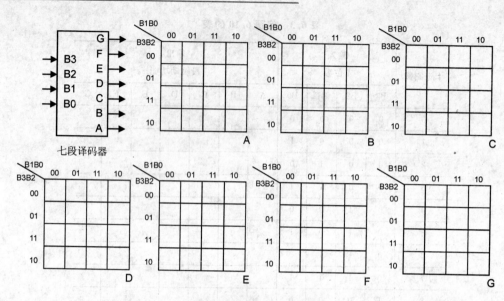

图 6.27 问题 6.11 的图

表 6.4 优级先编码器真值表

E_{IN}	I3	I2	I1	I0	GS	Y1	Y0	E_{OUT}
0	X	X	X	X	0	0	0	0
1	1	X	X	X				
1	0	1	X	X				
1	0	0	1	X				
1	0	0	0	1				
1	0	0	0	0	0	0	0	1

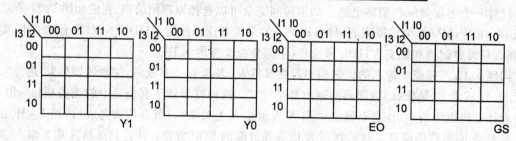

图 6.28 问题 6.12 的图

$Y1_{SOP} =$ _____ $EO_{SOP} =$ _____

$Y0_{SOP} =$ _____ $GS_{SOP} =$ _____

第 6 章 组合逻辑块

问题 6.13 完成无使能、无循环移位输入的 4 位移位寄存器的真值表（见表 6.5）。该移位寄存器有两个输入 A1\A0 用来指明是移动 0、1、2 或 3 位，一个移位方向输入端 F 和一个填充输入端 D。

表 6.5 问题 6.13 的表

A1	A0	F	D	Y3	Y2	Y1	Y0

问题 6.14 完成如表 6.6 所列的真值表，对给出的数据使用指定的操作，填写数字结果。操作码为 6 位数，其定义如下：R＝1 表示循环移位；D＝1 表示右移；F 表示填充，A2~A0 表示移动的位数。为获取学分展示所有合格的工作。

R	D	F	A2	A1	A0

表 6.6 问题 6.14 的表

Input$_{(Base10)}$	Input$_{(Base2/8\text{-}bit)}$	Op Code	Output$_{(Base10)}$	Output$_{(Base2/8\text{-}bit)}$
47	00101111	000011	188	10111100
96		110111		
16		011001		
111		100011		
63		001111		
188		110001		

问题 6.15 只修改下面代码中的两个字符完成添加一个填充位。

```
entity my_shift is
  port (din:           in std_logic_vector(7 downto 0);
        r, d, f, en:   in std_logic;
        dout:          out std_logic_vector(7 downto 0));
end my_shift;

architecture my_shift_arch of my_shift is
begin
  dout <= "0000000" when en = '0' else
    din(6 downto 0) & din(7) when (r = '1' and d = '0') else
    din(0) & din(7 downto 1) when (r = '1' and d = '1') else
    din(6 downto 0) & '0' when (r = '0' and d = '0') else
    '0' & din(7 downto 1);
end my_shift_arch;
```

实验工程 6　组合逻辑块

学生

我提交的是我自己完成的作业。我懂得如果为了学分提交他人的作业要受到处罚。

姓名 _____　　学号 _____

签名 _____　　日期 _____

预计耗用时数

| 1 | 2 | 3 | 4 | 5 | 6 | 7 | 8 | 9 | 10 |

| 1 | 2 | 3 | 4 | 5 | 6 | 7 | 8 | 9 | 10 |

实际耗用时数

分数量值表
4：好
3：完整
2：不完整
1：小错误
0：未交

每迟交一周扣除总分的 20%

得分 = 评分(Pts) × 权重(Wt)

实验室教师

序号	演示	Wt	Pts	Late	Score	实验室教师签名	日期
2	电路演示	3					
3	电路演示	3					
5	电路演示	3					

等级

序号	附加题	Wt	Pts	Score	第几周提交	分数	总分=实验室分数+得分表分数	总分
1	VHDL 源,测试平台和仿真	2						
2	VHDL 源,测试平台和仿真	3						
3	VHDL 源,测试平台和仿真	3						
4	VHDL 源,测试平台和仿真	3						
5	VHDL 源,测试平台和仿真	3						

问题 6.1　按如图 6.29 所示 K 图的要求创建一个 VHDL 源文件。用 VHDL 测试平台仿真电路,打印并提交 VHDL 源文件及仿真结果。

问题 6.2　用 Xilinx 工具和 Digilent 开发板设计并完成数据选择器/数据分配器电路,用 4 根线可以实现 8 位数据信号的通信。用 3 个滑动开关输入来选择数据通道,4 个按钮排列成所需的 8 个数据通道输入,8 个 LED 灯显示输出。8 个输入由下面的 4 个按钮组成:I0 = BTN1,I1 = BTN2,I2 = BTN3,I3 = BTN4,I4 = BTN1 与 BTN2,I5 = BTN2 与 BTN3,I6 = BTN3 与 BTN4,I7 = BTN4 与 BTN1。电路设计完成后,仿真电路,下载至 Digilent 开发板中,并给实验室老师演示。打印并提交源文件和仿真文件。

BC\A	00	01	11	10
0	D	D or E	E xor F	E xnor F
1	not D	D nand E	1	0

图 6.29 问题 6.1 的图

问题 6.3 设计并实现一个"二进制转十六进制(bin2hex)"的七段译码电路,能够驱动 Digilent 开发板上 4 个数码管中的一个。设计出的译码器应该能够以二进制形式 0000~1001 显示数字 0~9,1010~1111 显示 A~F(显示所有的十六进制数可能需要读者一点创造力——可以考虑一下小写字母)。用 4 个滑动开关作为输入来选择显示的模式。回想你将用到的数码管阳极的驱动信号应当接地(其他的可以设为 V_{DD} 确保它们关闭——注意如果把所有的阳极接地,则所有的数码管将以同一模式显示),向实验室老师展示你的电路,打印并提交 VHDL 源文件(注意:a 和 b 部分的电路如果愿意可同时下载到电路板上)。

问题 6.4 用 Xilinx 工具定义和仿真一个 8-3 优先编码器,具有使能输入、使能输出和片选信号功能。提交源文件和仿真文件。

问题 6.5 用 Xilinx 工具定义和仿真一个 VHDL 的 8 位移位寄存器,可以同时移动 0、1、2 或 3 位及向左循环和向右循环移位。在 Digilent 开发板上实现这个电路。用 8 个滑动开关作为移位寄存器的输入,8 个发光二极管作为输出。用按钮控制移位寄存器的功能。向实验室老师演示电路,打印并提交源文件和仿真文件。

第 7 章 组合算术电路

7.1 概 述

  本章主要介绍实现二进制数字运算操作的组合电路,包括加法器、减法器、乘法器以及比较器。算术电路一般含有两组或多组 8 位、16 位或 32 位的数据总线,并产生相同位数的输出。它们带来了特殊的设计挑战,因为过多的输入将难以在真值表中列出所有可能的组合(假设一个电路有两套 8 位总线,这就需要一张 2^{16} 或是 650 000 行的真值表)。本章将介绍一种"分而治之"(divide-and-conquer)的设计方法,即众所周知的"位分段"法。该方法非常适合于算术电路设计,对于其他二进制运算电路的实现也非常适用。使用这种方法,总线宽度的操作可以被分解成简单的逐位(bit-by-bit)操作,这些逐位操作可以方便地通过真值表来定义,这样就可以用读者熟知的设计技术来处理。而这种设计方法的主要难点就在于如何将已有的问题分解为简单的位操作。

  本章还将介绍结构化的 VHDL 设计,与原理图设计法相对应,这两种设计方法在概念和方法上都是很接近的。结构化的 VHDL 设计是分层次进行的,高层的设计是由低层的且独立的 VHDL 实体结构体设计单元组成的。与原理图设计类似,低层设计单元中的信号也可以连接到整体电路的输入、输出信号上,或是连接到内部信号中,这些内部信号在当前层之外是不可见的。特殊的 VHDL 声明可以用来声明和例化元器件与定义内部信号。结构化的方法通常用于一些大型设计上,这些设计中需要的电路模块可能是已经设计好的模块或是需要对细节进行仿真研究的模块。

  读者需要特别关注一种电路,这类电路包含许多读者以前遇到的设计和技术。这类电路就是"算术逻辑单元",即 ALU,它是运算电路的核心。初看 ALU 的设计好像很复杂、很棘手,但读者很快会认识到,这类设计只是读者学过的方法与电路的直接应用。主要的难点在于设计开始之前需要彻底弄清设计问题,以及设计中遵循严谨、逐步的设计方法。

第 7 章　组合算术电路

阅读本章前,你应该:
- 能够对二进制数进行加、减、乘运算;
- 能够在 ISE/WebPack 工具中使用原理图和 VHDL 方法输入并仿真电路;
- 能够将电路下载到 Digilent 开发板;
- 熟悉基本组合逻辑电路块的设计。

本章结束后,你应该:
- 理解怎样使用结构化 VHDL 方法设计电路;
- 理解如何以及何时使用位分段的设计方法;
- 理解比较器、加法器、减法器以及乘法器的工作原理,并能够使用原理图或 VHDL 语言来设计它们。

完成本章,你需要准备:
- 一台装有 Windows 操作系统的个人计算机,以便运行 Xilinx 公司的 ISE/WedPack 软件;
- 一块 Digilent FPGA 开发板。

7.2　背景介绍

7.2.1　位分段设计方法

当设计含有二进制码总线输入结构的电路时,设计一对单输入比设计整组二进制码输入要简单得多。其原因很明显,描述两组 8 位总线结构的电路需要 65K 行的真值表,而只描述一对单输入信号的电路只需要 4 行的真值表。如果采用只设计一对单输入电路的方法,那么构造一个电路并将它复制 N 次(每一位一次)就可以达到设计目的。

很多实现二进制数运算的电路可以容易地被分割为更小的位级运算。有一些电路不能使用该方法,需求逐位的分析并不能表示它就可以采用位分段的方法(例如,某些需要将一种数码转换为另一种数码的电路就属于此类)。因此,应用位分段设计方法(图 7.1),首先要确定是否可以将已知的问题表达为位运算的集合。

在典型的位分段设计中,信息必须在相邻近的位上进行传输。例如,一个电路可以将两个二进制数相加,任何一对本位都可能向它的高位产生进位。因此,必须要明确所有内部分段的相关性并且在位分段模型设计中体现出来。处理这些额外的"内部"信号可能需要一些额外的逻辑门,而这些逻辑门在非位分段设计中是不需要的;但在大多数情况下,这些额外的逻辑门所产生的代价对于这种更实用的设计方法而言是微不足道的。本章中所有的设计都采用了位分段的设计方法。

7.2.2 比较器

数据比较器(图 7.2)是这样的一个器件:接收两组 N 位输入,并根据其中一组是否大于、小于或等于另一组来给出 3 种可能的输出(更简单的比较器,也称为相等比较器,它只根据两组输入是否相等来给出一个输出)。比较器可以容易地用 VHDL 语言描述出来,但是使用结构化或原理图的方法就较难设计了。实际上,比较器设计是一个很好的例子,它可以说明行为设计的优点,以及结构化设计的不足。

在 VHDL 语言行为描述中,使用大于和小于操作符(>和<)来描述比较器,如图 7.3 所示的代码。注意,对于输出端口 GT 和 LT,在端口定义中使用了"inout"模式。当结构体内赋值语句右侧用到输出端口时,那么该输出端口必须使用 inout 模式。该例倒数第二行,GT 和 LT 输出信号在赋值操作符的右边并产生输出 EQ,因此,对于 EQ 赋值表达式来说,GT 和 LT 是输入信号。如果 GT 和 LT 只是简单地声明为"out"模式,VHDL 分析器将会产生出一个错误。

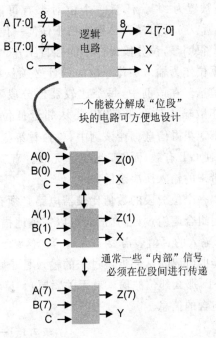

图 7.1 位分段设计方法

```
entity my_comp is
  port ( A, B : in std_logic_vector (7 downto 0);
         gt, lt : inout std_logic ;
         eq    : out std_logic );
end my_comp;

architecture behavioral of my_comp is
Begin
  gt <= '1' when A > B else '0' ;
  lt <= '1' when A < B else '0' ;
  eq <= not gt and not lt;
end behavioral;
```

图 7.2 比较器

图 7.3 比较器的 VHDL 代码

使用位分段方法设计结构化的比较器是最容易的。考虑一个 8 位数值比较器电路,使用两组 8 位操作数来产生 GT、LT 和 EQ。在图 7.4 的例子中,如果将 A=159 和 B=155 输入到比较器,那么 GT 输出有效,而 LT 和 EQ 输出无效。这两个操作数,除了第 2 位外,其余位都是相等的。奇妙的是,第 2 位的不等影响了整个电路的输出,使得 GT 被置为"1",LT 和

第7章 组合算术电路

EQ 被置为"0"。任意一个位对都有可能是不相等的,所以位分段模型必须适用于任何一位。

很明显,位分段设计不能独自工作,它使用两个数据位作为输入。每一位的设计必须从相邻位中获得信息。在该例中,每个比较器位分段不仅从两组操作数输入位获得信息,还从邻近低位的 GT、LT 和 EQ 获得信息。在该例中,单独看第 3 位,会使 EQ 有效,但第 2 位上的不相等会牵制第 3 位,使 GT 有效,而 LT 和 EQ 无效。事实上,操作数上的任何一组相等的位输出都是由邻近位带来的输入所决定的。

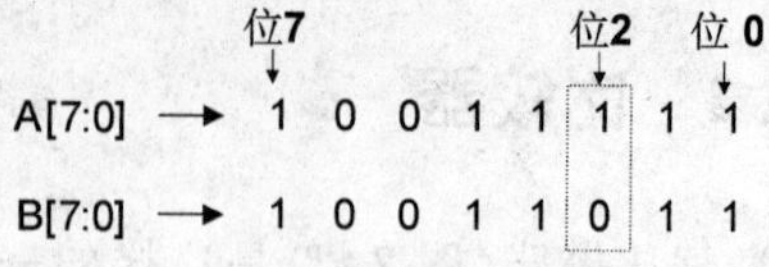

一个位分段的数值比较器电路必须有 5 个输入和 3 个输出,真值表如表 7.1 所列。对于任何组合逻辑设计,真值表可以完整地描述出符合要求的比较器的行为特性。一般来说,具有 5 个输入的真值表需要 32 行。其实,8 行真值表就可以满足要求,因为某些输入组合逻辑是不可能的(例如,从邻近位过来的输入是矛盾的),还有一些是不起作用的(例如,如果当前操作数 A>B,那么邻位的输入就无关紧要)。读者可以对这一真值表再进行仔细分析,理解并确定它所包含的信息。

```
                  位7            位2 位0
                   ↓              ↓   ↓
A[7:0] →   1 0 0 1 1 1 1 1
B[7:0] →   1 0 0 1 1 0 1 1
```

图 7.4 数据比较示例

表 7.1 一位位分段比较器真值表

输入操作数		来自于相邻位分段的输入			位分段的输出		
An	Bn	GTI	LTI	EQI	GTO	LTO	EQO
0	0	1	0	0	1	0	0
0	0	0	1	0	0	1	0
0	0	0	0	1	0	0	1
0	1	φ	φ	φ	0	1	0
1	0	φ	φ	φ	1	0	0
1	1	1	0	0	1	0	0
1	1	0	1	0	0	1	0
1	1	0	0	1	0	0	1

通过真值表,使用手工方法或是基于计算机的方法都可以找出最简的位分段比较器电路。使用任意一种方式,都可以设计出如图 7.5 所示的位分段电路。且一旦设计完成,就可以在 N 位比较器中使用位分段电路。注意,对于 N 位比较器,最低位是没有相邻位的——那些不存在的位可以认为是相等的。同时也要注意,整个比较器的输出就是最高位组的输出。在本章的练习和实验工程中,需要利用这种位分段设计方法设计一个 8 位比较器电路。

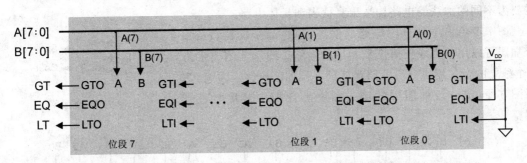

图 7.5 由位分段比较器组成的数据比较器电路结构

7.2.3 加法器

加法器电路是将两组 N 位的操作数相加,并产生一组 N 位的输出结果和一位进位输出(当产生的结果超过 N 位时,进位输出为1)的电路。加法器电路是数字系统设计的基础之一,从数字系统设计的初期开始,无数的实际应用电路中都使用到了加法器电路。最简单的加法器电路的运算过程与人工算法是一样的,按照从"右到左"、从最低有效位到最高有效位的顺序。与其他任何实现一组二进制信号的电路一样,使用位分段的方法可以很容易地设计出最简单的加法电路。将 N 位二进制码相加转换为按单独的两位相加,那么无论多么复杂的设计都可以被分而治之了。如果设计出可以相加任意两位的电路,就可以通过将电路复制 N 次来构造出 N 位的加法器。

如图 7.6 所示的逻辑框图中,给出了在两组二进制码相加时可能遇到的 8 种情况。高亮的位对以及相关的进位表示了位分段加法电路必须处理 3 个输入(两个要相加的位和一个从低一级传送过来的进位位)并产生 2 个输出(本位和以及进位位)。在练习和实验工程中,读者

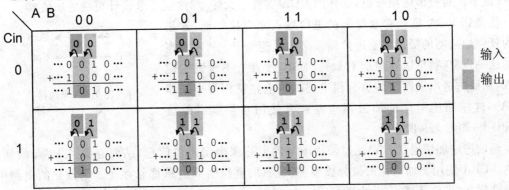

图 7.6 两个一位二进制数相加的 8 种情况

第 7 章 组合算术电路

需要为不同的加法器电路构造出真值表和具体电路。

图7.7给出了位分段电路的框图,称之为全加器(FA)。全加器可以用于生成任何位数相加的电路。图7.8给出了由8个独立的全加器位分段电路组成的8位加法电路。注意,为画图方便,位分段框图中的输入和输出管脚位置重新进行调整。

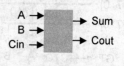

图 7.7 全加器

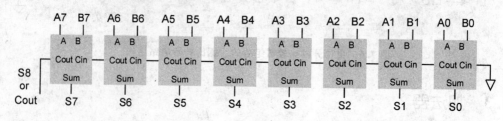

图 7.8 加法器电路结构

在8位加法器中,最低位产生的进位,一定会在一个有效的9位和产生之前,被带入到所有高7位中去。也就是要将某一位分段上的进位信息传播到下一位分段,因此该加法器叫做行波进位加法器(RCA)。逐位处理进位信息严重地制约了RCA的运算速度。来看一个例子,一个8位加法器将 A=11111010 和 B=10001110 相加,然后再将B操作数的最低位由"0"变为"1"。为了加法器所有9个位都可以显示正确的答案,从最低位产生的进位信息必须要传播通过所有8个全加器。如果每个全加器在输入改变后都需要1 ns 的时间来产生和并传递进位信息的话,那么一个8位RCA就需要8 ns 来产生一个正确答案(8 ns 是最差情况,如操作数的LSB改变使得所有8个输出都改变)。如果计算机中一个8位加法器电路需要8 ns,那么计算机的最大工作频率就是8 ns 的倒数,即125 MHz。大部分计算机现在都是32位的——一个使用32位RCA的32位加法操作需要32 ns,使计算机的运算频率限制在33 MHz以下。对很多应用来说,这样的RCA实在是太慢了,这就要求设计更快的加法器。

注意到 RCA 最低有效位上的进位输入是直接接地,这是因为任何加法器的最低位上进位输入必须是逻辑0。利用观察到的这一现象,就可以在最低有效位(LSB)位置上不设置进位输入,从而构造出更简洁的位分段电路。该电路就称为半加器(HA),这一功能简化的加法器电路经常使用在最低有效位(LSB)上,如图7.9所示。

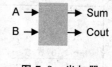

图 7.9 半加器

超前进位加法器(CLA)通过使用不同的电路来确定进位信息,从而克服了RCA的速度限制。CLA使用更加简化的位分段模型,所有的进位生成信息都保存在一个独立的电路中,该电路称为"进位传播/产生电路(CPG)"。CPG电路并行(即同时)从所有位分段中并行接收进位生成信息,并且同时生成所有位分段的进位输入信号。由于所有位上的进位信息是同时确定的,那么相加的结果就可以更快地产生。

由于 CLA 也要处理二进制编码的信号,所以要再一次用到位分段的方法。我们的目标就是重新检验二进制码的加法,并确定进位信息是如何产生和传播的,然后在改进电路中获取新的知识。

图 7.10 给出了与图 7.8 相同的 8 个加法示例。注意到只有 2 个单元格(3 和 7)中产生了进位输出。也要注意到,在 4 个单元格中,进位信息被超前产生并传播到当前位,甚至在当前位还没有产生进位的时候,其进位输出就已经产生了。

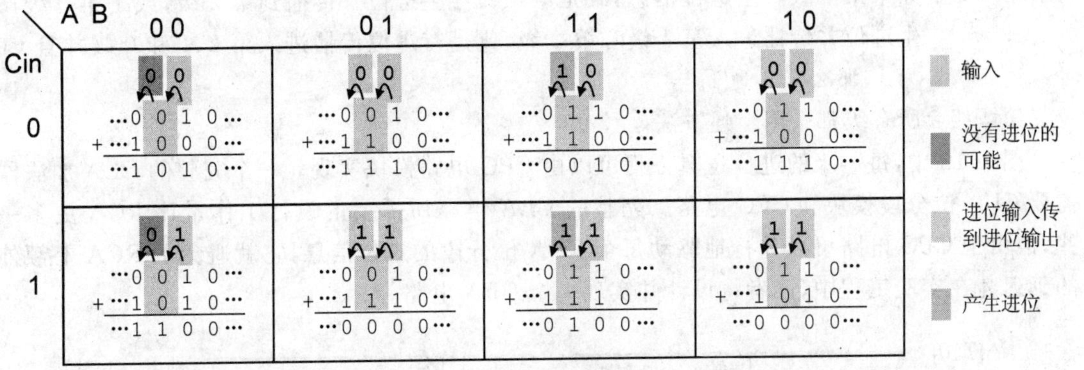

图 7.10 超前进位

基于这样的观察,就可以定义与进位输出相关的两个中间信号:进位产生信号 G 和进位传播信号 P。G 在当前输入组合产生进位时有效(如两个操作数都为"1"),P 在低位产生的进位传播进入当前位对时有效(只要有一个操作数为"1")。基于这样的讨论,CLA 位分段模型的真值表就可以完成了(留给读者练习)。

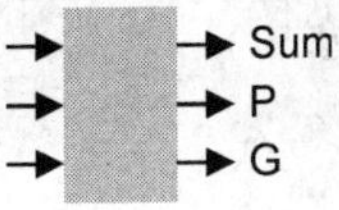

CLA 位分段模型使用 P 和 G 的输出代替进位输出,如图 7.11 所示。注意,在 RCA 中,第 i 位的进位输出写成 $C_{i+1} = C_i \cdot (A_i \text{ XOR } B_i) + A_i \cdot B_i$,那么在 CLA 中就可以写成 $C_{i+1} = C_i \cdot P_i + G_i$。由于在 CLA 中每一个位分段的进位项(以 P 和 G 的形式表示)都来自于低一级,每位的进位项都可以写为

图 7.11 CLA 位分段模块

第 0 级:$Cin = C_0$(C_0 第 0 级的进位输入)

第 1 级:$C_1 = C_0 \cdot P_0 + G_0$

第 2 级:$C_2 = C_1 \cdot P_1 + G_1$
$= (C_0 \cdot P_0 + G_0) \cdot P_1 + G_1$
$= C_0 \cdot P_1 \cdot P_0 + G_0 \cdot P_1 + G_1$

第 3 级:$C_3 = C_2 \cdot P_2 + G_2$
$= ((C_0 \cdot P_0 + G_0) \cdot P_1 + G_1) \cdot P_2 + G_2$

第7章 组合算术电路

$$= C_0 \cdot P_2 \cdot P_1 \cdot P_0 + G_0 \cdot P_2 \cdot P_1 + G_1 \cdot P_2 + G_2$$

第4级：=…（再多的级数等式都能够被展开）。

以文字形式表述一遍，CLA位分段的进位项可以根据如下方式组成。

第0级：Cin是连接到整体,全局的进位输入（第0级的Cin称为C0）。

第1级：如果第0级产生进位,或者进位传播到了第0级并且C0为1,那么Cin为1。

第2级：如果进位由第1级产生,或者第0级产生进位并传播到第1级,或是有进位传播进入第1级和第0级并且C0为1,那么Cin为1。

第3级：如果第2级产生进位信息,或是第1级产生进位并传播到第2级,或是第0级产生进位并传播进入第1级和第2级,或是有进位传播进入第2、1和0级并且C0为1,那么Cin为1。

第4级：所有级都采用上述方法。

图7.12中,每一级的进位逻辑方程可以由CPG电路模块实现。一个完整的CLA加法器需要CLA位分段模块和CPG电路。完整的CLA电路所需要的设计工作量比RCA更多一些,但由于CPG电路可以并行地驱动每个CLA位分段的进位信息,它就避免了RCA上额外的延迟。在实验工程中,读者将设计并实现一个CLA电路。

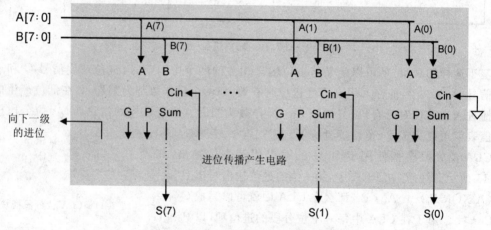

图7.12 具有进位传播产生电路的加法器

7.2.4 减法器

减法器使用两组N位操作数来产生一个N位结果和一个借位信号。在数字系统中很少遇到减法器电路(后面将解释原因)。如果读者有兴趣仍然可以设计它们。类似于加法器,最简单的减法器电路实现从最低位到最高位的减法操作,而最简单的设计方法就是使用位分段的方法。其设计过程几乎与加法器一样,通过对减法的分析可以得到减法器电路的要求。基于这样的观察，就可以画出真值表，然后通过真值表可以设计出电路。如果设计好了位分段减法器，就可以通过复制 N 次来构造出 N 位减法器。

全减器电路和全加器电路只有很细微的区别，在减法器中需要两个非门，而加法器中不需要。使用全减器可以构造出"超前借位减法器"，实现任何两个 N 位数的相减，但是 RBS 电路和 RCA 电路一样有运算频率过慢的特性。除了这种减法器，还有更高效的减法器结构。但只需要对加法器电路作少许的修改，并使用修改后的加法器作为减法器。使用这样的方法，如果被减数有负号，那么可以将减数加上带负号的被减数。例如，5−3 可以写成 5+(−3)。因此，在数字电路中需要一种表示负数的方法。

7.2.5 负　数

数字系统常用一定数量的信号来表示二进制数。简单的系统使用 8 位总线就可以表示出 256 个不同的二进制数，而在复杂的系统中可能使用 16 位、32 位甚至 64 位总线。无论位数有多少，所有的系统都只有有限的连接线、存储单元以及处理单元来表示和处理数据。所用的位数决定了系统中数据表示的范围。

数字电路中执行算术运算一般都要涉及负数，所以必须定义一种表示负数的方法。一个 N 位的系统可以表示 2^N 个数，所以可以用一半($2^N/2$)来表示正数，另一半表示负数。并用一位表示"符号位"，用于区别正数和负数——如果符号位是"1"，那么该数就是负数；如果符号位是"0"，那么该数就是正数。最好是选用最高有效位(MSB)作为符号位，这样，如果该位为"0"(正数)，在计算该数大小时，就可以忽略符号位。

所有负数编码方式中，最常用的方法有两种，即符号标定法和 2 的补码标定法。符号标定法是将最高有效位 MSB 位作为符号位，其余位作为无符号数值。在一个 8 位有符号数的系统中，"16"就表示为"00010000"，"−16"就表示为"10010000"。该系统的表示法对读者而言是很容易的，但对于数字电路却有个很大的缺点：如果从最低位到最高位变化是一个从 0 到 2^N 的计数范围，那么最大的正数将出现在范围的一半，紧接着就是最小的负数。还有，最大的负数出现在范围的最后(即 2^N 二进制数)，再次加 1 后翻转，这是由于没有 2^N+1 这种表示。因此，在 0~2^N 的范围，与最大的负数直接相邻就是最小的正数。由于这种子情况，一个简单的操作如"2−3"就需要向后计数两三次，并不能得到预期的结果"−1"，而是得到了系统中的最大负数。有一种更好的系统可以将最小的正数和负数放在计数范围内的相邻处，这就是 2 的补码表示法。如图 7.13 所示是 8 位数符号标定法和 2 的补码法的数轮。

在 2 的补码编码方式中，最高有效位 MSB 仍然作为符号位——"1"表示负数，"0"表示正数。2 的补码法用全 0(包括最高位 0)表示"0"值。其余 2^N-1 个数码表示所有非 0 数，包括正数和负数。由于 2^N-1 是一个奇数，用 $(2^N-1)/2$ 表示负数个数，用 $(2^N-1)/2-1$ 表示正数个数(0 已经作为正数了)。换句话说，我们可以表述为非 0 的负数要比正数多一个，最大负

第 7 章 组合算术电路

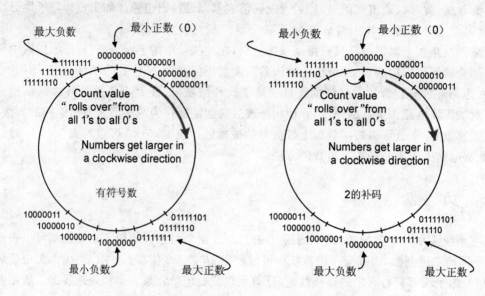

图 7.13 说明负数的符号表示和 2 的补码表示的数轮

数的绝对值也比最大正数的绝对值大 1。

2 的补码的缺点是不能直观地看出负数值(如能否看出"11110100"是 −12)。有一简单的算法可以将正数转换为 2 的补码方式的负数,并且保持绝对值不变,也可以将 2 的补码方式的负数转换为绝对值相同的正数。其算法如图 7.14 所示,将所有需要转换的位取反,然后在最低位上加 1。该算法可以用图 7.13 中 2 的补码数轮来直观显示,取反的所有位相当于以 0 为轴进行轴对称的映射,加 1 相当于补偿了负数码大于正数码的那个 1。

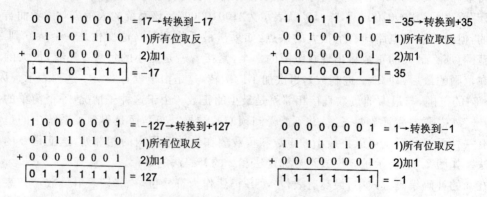

图 7.14 负数 2 的补码与绝对值转换算法

7.2.6 加法/减法器

加法电路可通过对一组合逻辑电路稍加修改获得,该组合逻辑电路对输入的二进制之一有选择地实现2的补码运算。回忆一下2输入XOR(异或)门,它可以作为"可控非门"(图7.15),其中一个输入根据另一个"控制"输入的逻辑电平,其输出可以对输入进行取反也可以不作任何处理。如果加法器中某个输入的操作数所有位都连接一个XOR门,将XOR"控制"输入置"1",则会对所有的位取反。如果该"控制"输入同时也连接到加法器的Cin,则"1"将会加到已取反的位上,那么输入的操作数就被转换成2的补码形式。因此,加法器就会将一个正数和一个负数相加,作用就是一个减法器了。在本章的实验工程中,读者需要实现一个加法/减法器(图7.16)。

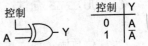

图7.15 可控非门

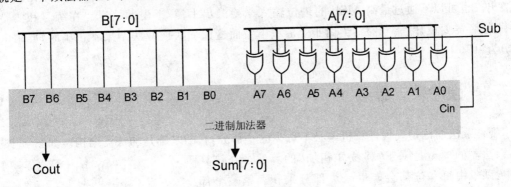

图7.16 二进制加法器

根据真值表和卡诺图设计电路时,全减器与全加器几乎是一样的,但是全减器有2个非门,而全加器没有。当设置为减法器时,一个加法/减法器会在一个全加器模块的输入端增加一个非门(以XOR门的形式存在)。行波借位减法器完成的功能与加法/减法器在减法模式下所完成的功能是一样的,但是两种电路有所不同,如图7.17所示。这个差别可以这样解释:

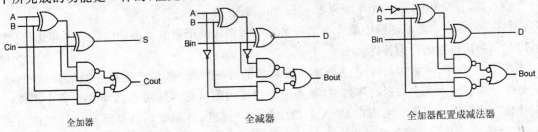

图7.17 全加器与全减器电路比较

第7章 组合算术电路

加法/减法器的最低有效位 LSB 的进位输入必须设置为"1",以此将操作数的原码转换成2的补码形式。这需要读者仔细思考并理解其含义。在练习中,读者需要说明怎样将行波进位加法电路结构配置成2的补码减法器和行波借位减法器,并实现相同的功能。

7.2.7 加法器溢出

当实现位数固定的二进制数算术运算时,产生的结果需要的位数有可能超过可用位数。例如,如果将两个8位数240和25相加,那么结果265就不能用8位二进制码来表示。当两个数相加或相减且结果超过可用位数时,上溢或下溢错误就会发生。尽管上溢和下溢错误不可避免但可以被检测到。

通过对一些加法上溢和减法下溢例子的分析,可以定义出上溢/下溢检测电路的行为需求。最简单的情况下,可以通过最高有效位 MSB 的进位输出和该位的进位输入作比较来检测溢出。也可以不通过最高 MSB 的进位输入来检测出上溢/下溢的情况。在练习和实验工程中,读者需要设计一个电路,当由于上溢或下溢而造成加法或减法结果不正确时,要求电路输出为"1"。

7.2.8 硬件乘法器

硬件乘法器已是现代计算机中必不可少的一部分,它的基础是加法器结构。如图 7.18 所示,乘法器的模型是基于"移位并相加"的算法。在该算法中,乘数中每一位都会产生一个部分乘积。第一个部分乘积由乘数的 LSB 产生,第二个乘积由乘数的第二位产生,依次类推。如果相应的乘数位是"1",那么部分乘积就是被乘数的值,如果相应的乘数位是"0",那么部分乘积为"0"。每一个部分乘积都要逐次向左移动一位。

这个乘法可以归纳为如图 7.19 所示的通用方式。每个输入、部分乘积的数字以及结果都被赋予一个逻辑名,而这些名称在电路原理图中就作为信号名称。将乘法例子和原理图中的信号名相比较,就可以找到乘法电路的行为特性。

```
        1 0 0 1      被乘数
      × 1 0 1 1      乘数
        ─────
        1 0 0 1  ┐
        1 0 0 1  │
      0 0 0 0    ├ 部分积
    1 0 0 1      ┘
    ─────────
    1 1 0 0 0 1 1   结果
```

图 7.18 乘法运算

在图 7.19 中,乘数中的每一位都要和被乘数的每一位相与,并产生相应的部分乘积位。这些部分乘积输入到全加器的阵列中(某些地方用半加器),同时加法器像乘法例子中那样向左移位。最后得到的部分乘积在 CLA 电路中相加。注意,某些全加器电路将信号值作为进位输入端(用于替代相邻级的进位),这就是一种全加器电路的应用。全加器其实很简单,就是将输入端的任何三位相加。读者可以自己做一些练习来理解怎样用加法器阵列和 CLA 电路

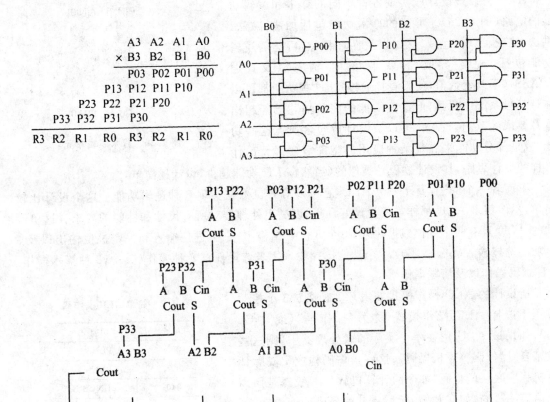

图 7.19 乘法电路

来得到部分乘积。在实验工程中,读者需要实现乘法器电路。

随着乘数和被乘数位数的增加,乘法器电路中的加法器级数也要相应地增加。通过对 CLA 类似电路原理的研究,在乘法器中开发出更快的加法阵列是有可能的。

7.2.9 ALU 电路

算术逻辑单元是微处理器的核心,它们实现处理器的算术和逻辑功能(如两个值的加法、减法、与操作等)。一个 ALU 由许多普通的逻辑电路构成,并组合在一个模块中。一般来说,ALU 的输入是两组 N 位的总线,还有一个进位输入信号以及 M 条选择控制线用于选择 2^M 种 ALU 操作方式。ALU 的输出包括一组作为运行输出的 N 位总线和一个进位输出。

第7章 组合算术电路

ALU可以被设计成实现各种不同的算术和逻辑功能的电路(图7.20)。可能的算术功能包括加法、减法、乘法、比较、递增、递减、移位以及循环移位,可能的逻辑功能包括与、或、异或、异或非、反向、清零以及直通(PASS)(不改变数值,使其直接通过)。这些功能都可以在计算机系统中找到,但这些功能的完整描述已经超出本章要求的范围。ALU可以被设计成包含所有这些功能,或是部分功能来满足某种应用的特殊需要。无论什么样的设计思路,其设计过程是类似的(当然,ALU功能越少,设计越简单)。

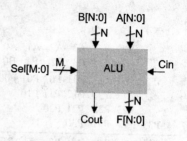

图7.20 算术逻辑单元

下面看一个例子,设计一个ALU,它可以对8位数据实现8种逻辑功能。这个设计比较简单,不像很多ALU那样需要设计好几年,以满足处理器对所有尺寸和性能的要求。这里设计的ALU具有两个8位数据输入,一个8位数据输出,一个进位输入和一个进位输出以及3个功能选择输入(S2,S1,S0),3个功能选择输入用来选择任意8种操作(其中,3种算术操作,4种逻辑操作以及清零操作)。

所设计的ALU操作模式如表7.2所列。3个控制位用于选择ALU操作模式,称为"操作码"(或是Op码),如果该ALU用在一个实际的微处理器中,则这些位来自"操作码"(或机器码),这些操作码构成了实际计算机程序底层的代码(如今的计算机软件一般都是用高级语言编写的,如C语言,然后将其编译成汇编语言;汇编语言可以直接转换为机器码,从而最终使处理器执行指定的功能)。

表7.2 简单ALU操作码

Op码	功能
000	A PLUS B
001	A PLUS 1
010	A MINUS B
011	0
100	A XOR B
101	A'
110	A OR B
111	A AND B

由于ALU的操作数是二进制数,所以可以使用位分段的设计方法。ALU的设计方法和其他位分段设计的过程相同:首先,定义并理解位分段的所有输入和输出(即位分段详细的原理框图);其次,使用某种方法来确定需要的逻辑关系(如用真值表);然后,找出最简电路(使用卡诺图或表达式)或写出VHDL代码;最后,进行电路设计并加以验证。

这里所设计的ALU的框图如图7.21所示,操作表如表7.3所列。在操作表中,输入变量用来定义位分段模块两个输出(F和Cout)的功能。如果不使用输入变量,那么该表就需要64行。由于逻辑功能不需要Cout,那么相应的行就可以赋值为"0"或无关项。如图7.22所示是基于位分段方法的8位ALU电路方框图。

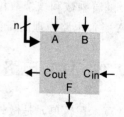

图7.21 ALU框图

完成ALU操作表后,就可以使用以下任意一种方法来设计电路:构造卡诺图并设计最简电路;使用多路选择器(F 使用 8:1 多路选择器,Cout 使用 4:1 多路选择器);将信息输入到基于计算机的化简工具中,并得到最简表达式;或者不使用这些既困难又比较容易出错的结构化设计,而使用 VHDL 描述的方法来进行设计。

表 7.3 操作表

Op 码	功能	F	Cout
000	A PLUS B	A xor B xor Cin	(A and B) or (Cin and (A xor B))
001	A PLUS 1	A xor Cin	A and Cin
010	A MINUS B	A xor B xor Cin	(A' and B) or (Cin and (A xor B)')
011	Zero	0	0
100	A XOR B	A xor B	
101	A'	A'	
110	A OR B	A or B	0
111	A AND B	A and B	0

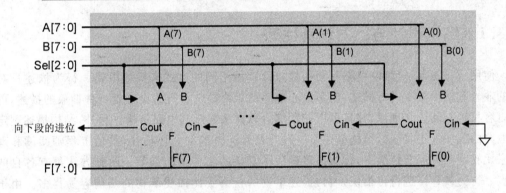

图 7.22 位分段 8 位 ALU 电路图

7.2.10 VHDL 的 ALU 行为描述

在第 6 章中曾提到,当一个电路的输出需要由某些选择信号决定其赋值时,则使用选择信号赋值语句可以使 VHDL 代码更加简洁。N 个选择信号有 2^N 种状态,可用来选择 2^N 种可能输出的一种。使用选择赋值语句可以写出简单的多路选择器电路程序,也可以通过将算术或逻辑功能的结果赋值给输出,从而写出更复杂的多路选择器程序。

图 7.23 给出了基于选择信号赋值语句的 8 位和 4 种功能的 ALU 的代码。理解掌握了该例,读者就能很容易地描述出任何 ALU 或类似的电路。

通过对该例代码的简单修改,可以实现更复杂的 ALU。例如,可以添加更多的选择位数(因此 ALU 功能也会更多),与/或编写出功能不同的 ALU 代码。

```
entity ALU is
  port (A, B : in std_logic_vector (7 downto 0);
        Sel  : in std_logic_vector (1 downto 0);
        Y    : out std_logic_vector (7 downto 0));
end ALU;

architecture  behavioral of ALU is
Begin
  With sel select
    Y <= (A + B) when "00",
         (A + 00000001 ) when "01",
         (A or B) when "10",
         (A and B) when others;
end behavioral;
```

图 7.23　具有 4 种功能的 8 位 ALU 示例

7.3　VHDL 进阶

7.3.1　结构设计与行为设计比较

　　使用 VHDL 语言可以根据不同的抽象级别用不同的方式来描述电路。行为描述只对电路的输入和输出关系进行描述，而不关心电路的最终结构。行为设计是一种抽象的描述，可以相对容易地被阅读和理解，并且可以使用综合软件来实现其电路结构。另外，结构描述则定义了电路的模块及连接线。结构描述是一种严格且完整的细节性描述，其他工程师阅读和理解起来比较困难。通常情况下，行为描述避免了繁杂的结构上的细节。两种方法都有各自的优缺点。行为设计可进行得很快，因为描述事物的行为要比描述事物的结构容易得多。由于行为设计快，设计者就可以花更多的时间来学习不同的设计方法，并有更多的时间来确保所有设计需求都能正确实现。但相应地，行为设计隐藏了许多重要的细节，这样就很难无失真地建模并仿真电路。

　　到目前为止，所讨论的 VHDL 语言，重点是电路的基本行为描述。例如，前面的实验工程中，读者需要用 VHDL 语言描述一个用于检测前 7 个素数的电路。该电路使用信号赋值语句来描述，并不关心实际电路的结构——这样的细节工作由综合器完成。如果要求首先确定出电路的结构然后再实现电路，那么该电路将需要花费大量的时间。

　　某些情况下，设计者选择使用 VHDL 语言的结构描述而不使用行为描述，是由于需要更多的细节性描述，所以用 VHDL 语言实现结构描述需要更多的时间。但作为回报，使用结构化描述的方法可以构造出更精确、更有效的仿真模型。例如，一个电路需要计算两个 4 位数的和。行为描述可以这样描述："Y＜＝A＋B"（假设 Y、A 和 B 都是 4 位标准逻辑矢量）。在综合后，该电路结构可能是 4 个全加器以 RCA 的结构相连接。但是仿真器不会考虑内部的节点(如进位信号),所以这些信号的时序或其他问题就不容易被发现。比较下面例子代码中的行为描述和结构描述。在结构描述中,由于内部信号是显式命名的,所以仿真器可以仿真这些信号。

给定一个设计,设计者可能首先使用高层次的 VHDL 行为描述快速设计出电路,然后研究其行为特性并验证其性能是否满足设计要求。在这一步骤中,可以写出不同方案的代码并进行仿真,那么这种方法的优势就很明显了。一旦选定了一种方案,设计中的某些部分或者整个设计可能要重新以结构描述的形式编写代码,这样可以进行更加细微的仿真,从而使设计者对硬件行为有更完整的理解。使用结构描述还有一个优势,那就是完整的设计模块在以后的设计中可以重复使用。

VHDL 结构描述方法与原理图方法很相似——设计单个元件并保存在项目库中,当需要的时候就可以添加到更高层次的设计中。元件的信号可以直接连接到更高层次设计的 I/O 端口,或是使用局部声明的信号与其他元件相连接。任何有效的实体/结构体对都可以在其他 VHDL 源文件中作为一个元件使用。这与任何电路原理图可以制作成宏模块在其他原理图中使用相类似。在原理图环境中,通过向原理图设计页面添加元件的图形符号来添加该元件。在 VHDL 语言中,要将元件添加到源文件中,应该首先在"声明部分"中声明该元件,然后再例化该元件。元件声明语句会通知 VHDL 分析器:在当前源文件中可能将调用到指定的元件。当分析器查找到一个元件声明语句时,它会确认项目库中是否存在该元件。元件例化语句用于向设计中添加该元件。例化语句给每个例化元件赋予唯一的名称,然后在端口映射语句中列出所有的端口信号连接。在图 7.24 中,4 位 RCA 例子的源代码中用到了这两种语句。

在高层次设计中,可以使用端口映射语句将元件和信号相连,也可以将元件信号直接连接到 I/O 端口,或者通过局部声明信号将元件的信号与其他元件相连。元件例化语句必须包括用于连接所需的信号的端口映射语句。在上面的示例代码中,一些元件信号与高层次设计中的 I/O 端口信号相连,还有一些通过局部声明信号 CO 与其他元件相连。

元件例化语句以一个包含字母和数字的标识符开头,且该标识符的名称唯一,以冒号结尾。标识符可以使用任何合法的字符(一般是字母和数字),并用来对元件进行描述。在上例中,它们是顺序摆放在一起的。元件实体名后紧跟着例化标识符,然后是关键字"port map"。端口映射语句列出了该元件所有的信号,且要和前面声明的信号完全一致。元件信号按顺序逐个排列,每个信号后都有一个"赋值"操作符=>和所要赋值的高层信号名。所有的端口映射信号赋值都列在一个圆括号中,圆括号的后面要紧跟一个分号。

图 7.24 中的 4 位 RCA,有 2 个元件声明语句(一个对半加器进行声明,名为 HA;另一个对全加器进行声明,名为 FA)以及 4 个例化元件。如果半加器和全加器的实体名不是"HA"和"FA"的话,那么元件声明语句就会产生错误(也就是说,实体 HA 必须表示为"entity HA is")。有时,初学 VHDL 的设计者会出现以 windows 文件名而不是实体名对元件命名的错误。读者可以将源文件名命名为实体名。

第 7 章 组合算术电路

```
entity RCA is
  port ( A, B   : in std_logic_vector (3 downto 0);
         S      : out std_logic_vector (3 downto 0);
         Cout   : out std_logic);
end RCA;

architecture structural of RCA is

  component HA
    port (A, B    : in std_logic;
          S, Cout : out std_logic);
  end component;

  component FA
    port (A, B    : in std_logic;
          S, Cout : out std_logic);
  end component;

  signal CO : std_logic_vector (3 downto 0);

Begin
  C0: HA port map (A=>A(0), B=>B(0), S=>S(0), Cout=>CO(0));
  C1: FA port map (A=>A(1), B=>B(1), Cin=>CO(0), S=>S(1), Cout=>CO(1));
  C2: FA port map (A=>A(2), B=>B(2), Cin=>CO(1), S=>S(2), Cout=>CO(2));
  C3: FA port map (A=>A(3), B=>B(3), Cin=>CO(2), S=>S(3), Cout=>CO(3));

end behavioral;
```

（注释：在结构体和开始语句之间的声明区域中，元件和信号被声明）

（注释：元件可以被例化在结构体中的任何地方）

图 7.24 基于结构描述的 4-位 RCA 的源代码

在典型的 VHDL 结构设计中，元件必须通过局部声明信号与其他元件相连接。4 位 RCA 例子也是如此——需要局部信号将一个位分段的进位输出信号连接到下一个位分段信号的进位输入上。在该例中，声明了 4 个新的信号（以总线 CO 的方式）。由于在高层次的实体端口声明中不包括这些信号，所以在实体外部它们是不可见的，也就是说，它们只能在实体内部使用。如果这样的信号必须连接到实体的外部，那么它们必须在高层次实体端口中声明，而不应在声明区中声明。

综上所述，一个 VHDL 结构描述源文件可以使用其他预先设计好的 VHDL 模块作为元件。任何预先设计好的 VHDL 实体/结构体对都可以作为一个元件：首先声明实体作为元件，然后例化元件。例化元件由一个唯一的字母数字标签、实体名以及将元件信号连接到高层次信号（局部声明信号或 I/O 端口信号）的端口映射语句所组成。

7.3.2 VHDL 中的模块化设计

VHDL 语言有几种方法可以调用其他源文件中的代码。在上面讨论的方法中，读者可以用实体/结构体描述电路,然后将这些代码作为其他设计中的一个元件。还有一种方法,读者可以编写描述电路的代码作为子程序,如函数和进程。子程序将常用的电路描述封装在一段代码中,该段代码可以在一个源文件中不同的地方被参数化调用。

创建子程序已经超出了当前的讨论范围,但是读者在不知道的情况下已经使用了一些子程序(以函数的形式)。由于 VHDL 语言的内在特性,它对逻辑表达式使用赋值语句进行赋值并不方便,所以像 AND、OR、NAND 之类的逻辑功能通常被定义为函数,这些函数被封装在各个 VHDL 工具集的库里。

VHDL 的库是"设计单元"的集合,这些单元是预先设计好并经过分析的。它一般存储在主机的文件系统的一个目录中。库中存储的任何设计单元都可以在其他源文件中使用。VHDL 语言定义了 5 种设计单元,包括实体、结构体、封装、封装体以及配置单元。读者对实体和结构体单元已经很熟悉了。封装用于定义和存储常用的元件、类型、常量以及全局信号的声明,封装体包括函数和进程。配置单元将实体与特定的结构体相关联,一般很少使用,只在一个实体对应多个结构体等少数情况下才使用(配置单元只是偶尔用于更大、更复杂的设计,本书将在后续章节中具体介绍)。

读者前面用过的 std_logic 类型定义在"std_logic_1164"封装中,这个封装很早以前就写好了,保存在一个名为"IEEE"的库中,在读者安装了 ISE/WebPack 工具后,该库就保存在读者的计算机中。逻辑函数如 AND、OR、NAND、NOR、XOR、XNOR 等存储在 1164 封装体中。如果 IEEE 库中没有 1164 封装,就无法使用 std_logic 类型,所以就不可以写出如同"Y<=A and B"的赋值语句。

实际上,一些类型和函数已经被 IEEE 标准化,并且包含在 IEEE 库中的封装内。上面提到的 IEEE 库的 std_logic_1164 封装定义了普通数据类型(如 std_logic 和 std_logic_vector)以及普通的逻辑函数,如 AND、OR、NAND、NOR、XOR 等。另一个普通封装"std_logic_arith"包含一个算术函数的集合,如加法(+)、减法(-)、乘法(*)。还有其他一些封装包含有用函数的集合。

库和封装必须在访问它们的内容之前就在源文件中声明。在源文件中,库通过"逻辑名"来区分;库管理工具将逻辑库名与库在计算机文件系统中的物理位置联系在一起。在这种方式下,VHDL 源文件只需要知道逻辑名就可以了。关键字"library"(随后写上库的逻辑名)和"use"(随后写上封装的名称)必须要包含在源文件中,以保证它们的内容可用。当 VHDL 分析器遇到了不可识别的字或符号时,它会在可用的库和封装内查找合适的定义。例如,当分析器遇到"Y<=A and B"中的"and"时,或是"Y <= A+B"中的"+"时,它会在已声明的封装中查找"and"和"+"的定义。一般情况下,每个 VHDL 源文件中都会使用如图 7.25 所示的 library 和 use 语句,这样,普通的类型和函数就可以使用了。

```
lobraru IEEE;
use IEEE.std_logic_1164.all;
use IEEE.std_logic_arith.all;
```

图 7.25 库引用语句格式

7.3.3 VHDL 中的算术函数

　　IEEE 库中的 std_logic_arith 封装定义了一些可以执行 std_logic 和 std_logic_vector 数据类型的算术函数。如果在源文件中有"library IEEE"和"use std_logic_arith"声明,那么 std_logic 类型的加法(+)、减法(-)、乘法(*)以及除法(/)操作符(还有一些其他操作符)就可以使用了。例如,以 std_logic_vectors 类型表示的两个二进制数相加可以写成"Y<=A+B"。

　　当使用 std_logic_vectors 类型的算术操作符时,输出矢量的位数必须是正确的;否则 VHDL 分析器会标记出一个错误,或产生数据丢失。需要确保使用算术函数得到的输出逻辑矢量的位数不小于输入矢量的位数,这是本章实验工程环节中要达到的目的。一般来说,如果较小逻辑矢量经过算术运算后合并为较大的逻辑矢量,那么较大的输出矢量就是正确的结果。如果较大的逻辑矢量被组合成较小的、不能包含所有输出位的矢量时,那么虽然结果仍然显示正确,但较高的有效位将会丢失。

练习7　组合算术电路

学生

我提交的是我自己完成的作业。我懂得如果为了学分提交他人的作业要受到处罚。

姓名　　　　　　　　学号

签名　　　　　　　　日期

预计耗用时数

| 1 | 2 | 3 | 4 | 5 | 6 | 7 | 8 | 9 | 10 |

| 1 | 2 | 3 | 4 | 5 | 6 | 7 | 8 | 9 | 10 |

实际耗用时数

等级

序号	分数	得分
1	3	
2	3	
3	4	
4	3	
5	4	
6	4	
7	6	
8	4	
9	5	
10	5	
11	5	
12	6	
13	4	
14	4	
15	3	
16	3	
17	4	
18	0.1	

总分

第几周上交

最终得分

最终得分：
每迟交一周扣除总分的 20%

问题 7.1　绘制一个数数比较器的位分段电路框图。用卡诺图来定义这个位分段电路,并用它找出最简逻辑函数。最后绘制出该电路图。

问题 7.2　修改问题 7.1 中的框图和电路,删除产生 EQ 输出的信号和逻辑门。用修改过的位分段块绘制该 4 位比较器的电路图,并且增加一个门来产生 EQ 输出信号,该门的输入来自 MSB(最高有效位)的输出信号 LT 和 GT。说出新电路与原电路的区别,即哪一个电路效率更高? 哪一个电路更容易设计和实现? 哪一个电路运行更快? 还有其他的区别吗?

第 7 章 组合算术电路

你可以设计一个更有效的位分段块吗？保留 EQ 逻辑，去除一些其他逻辑。解释一下原因。

问题 7.3 完成图 7.26 中各 HA 和 FA 电路的真值表和卡诺图，适当地使用 XOR 逻辑式。圈出最简 SOP 等式，并且绘制这个电路图（假设所有的输入和输出都是高电平有效）。

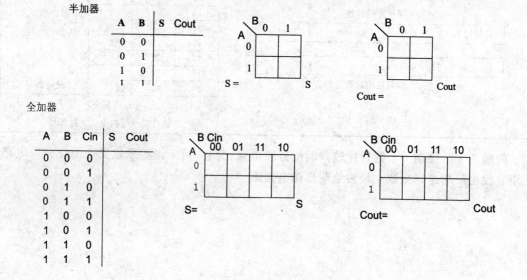

图 7.26 问题 7.3 的图

问题 7.4 使用两个半加器和一个 OR 门，绘制一个全加器的电路图。

问题 7.5 完成一个 CLA 加法器位分段模块的真值表和卡诺图(图 7.27),并绘制一个最简 SOP 电路(适当使用 XOR 门)。

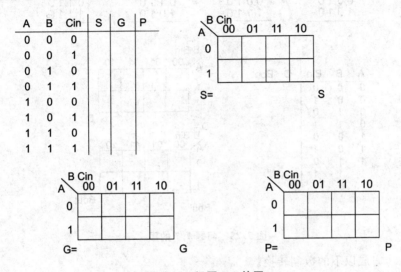

图 7.27 问题 7.5 的图

问题 7.6 绘制一个可以生成 4 位 CLA 的进位输入的进位-传播-产生电路。

问题 7.7 设计一个全减器位分段电路。标出输入 A、B 和 Bin,输出 D 和 Bout。先完成如图 7.28 所示的减法例子,然后完成真值表和卡诺图,最后绘制这个电路图。

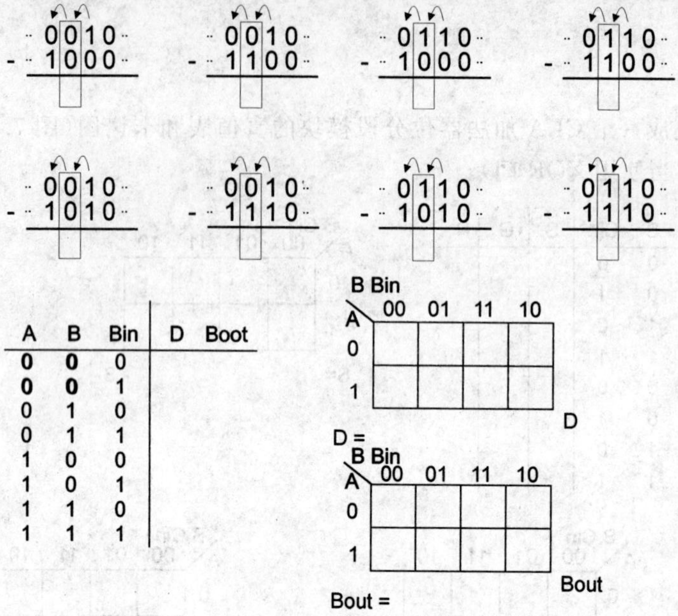

第 7 章 组合算术电路

```
  0010      0010      0110      0110
- 1000    - 1100    - 1000    - 1100

  0010      0010      0110      0110
- 1010    - 1110    - 1010    - 1110
```

A	B	Bin	D	Boot
0	0	0		
0	0	1		
0	1	0		
0	1	1		
1	0	0		
1	0	1		
1	1	0		
1	1	1		

D =

Bout =

图 7.28 问题 7.7 的图

问题 7.8 完成以下的数制转换。

-19 = _____   10011010 = _____

10000000 = _____   -101 = _____

第7章 组合算术电路

问题 7.9 完成如图 7.29 所示的 4 个 2 的补码的算术运算,并写出它们的十进制和二进制数。

```
  17   000100010        -22   _____        -    010100110
 -11   111110101        + 6   _____             111110101
        _____                                   _____

  35   _____         19   _____
 -42   _____        - -7  _____
        _____              _____
```

以上答案在8位的情况下正确吗?解释一下原因。

图 7.29 问题 7.9 的图

问题 7.10 绘制一个电路,其作用是将一个 4 位二进制数转换成补码形式(提示:能否只用 3 个 XOR/XNOR 门和 2 个 AND 或 OR 门)。

问题 7.11 解释以行波进位加法器的电路结构配置而成的补码减法器如何与行波借位减法器实现同样的功能(图 7.30)。

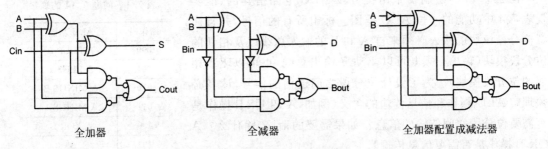

全加器　　　　　　　　　全减器　　　　　　　　全加器配置成减法器

图 7.30 问题 7.11 的图

问题 7.12 列举几个加法上溢出和减法下溢出的例子,并且在下面绘制一个电路,其作用是在加法上溢或者减法下溢造成错误的加减结果时,输出一个"1"(提示:比较最高有效位的进位输入和进位输出信号)。

第 7 章 组合算术电路

问题 7.13 填写如图 7.31 所示的空格,表示出"1101"和"1010"相乘时的所有信号的值。

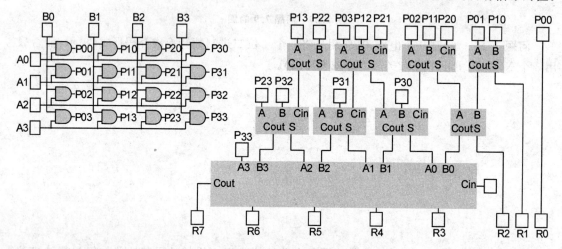

图 7.31 问题 7.13 的图

问题 7.14 绘制一个由位分段 ALU 电路搭建的、能实现表 7.4 中功能的 4 位 ALU 框图。标出所有的信号,并且注意位分段模块的输入必须来自 A 和 B 的输入总线以及相邻的位分段模块(输出必须既可以驱动 F 输出总线,也可以驱动相邻的位分段模块)。为了设计位分段之间通信的信号,读者必须理解 ALU 操作和信息传输的含义(例如,A PLUS B 操作是否需要位分段之间传输的信息?如果需要的话,传输什么?A OR B 操作是否需要信息传输)。

表 7.4 问题 7.14 的表

操作码	ALU 功能
000	A PLUS B
001	A PLUS 1
010	A MINUS B
011	A MINUS 1
100	A XOR B
101	A′
110	A OR B
111	A AND B

问题 7.15 在本章中的 ALU 例子中,规定一个 8:1 多路选择器可以用来做 F 输出,一个 4:1 多路选择器可以用来做 Cout 输出。绘制这个基于选择器的电路。

问题 7.16 表 7.5 是本章 ALU 操作表的备份,其中操作码 3 已经重新定义为"减 1",完成表中 F 和 Cout 的值并定义减 1 的逻辑功能。

表 7.5 问题 7.16 的表

操作码	功能	F	Cout
000	A PLUS B	A xor B xor Cin	(A and B) or (Cin and (A xor B))
001	A PLUS 1	A xor Cin	A and Cin
010	A MINUS B	A xor B xor Cin	(A' and B) or (Cin and (A xor B))'
011	A MINUS 1		
100	A XOR B	A xor B	0
101	A'	A'	0
110	A OR B	A or B	0
111	A AND B	A and B	0

第 7 章 组合算术电路

问题 7.17 根据问题 7.16 的操作表,完成函数 F 和 Cout 的 K 图(图 7.32)。

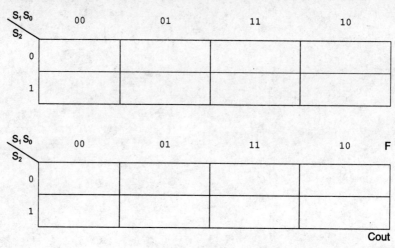

图 7.32 问题 7.17 的图

问题 7.18 在问题 7.17 的卡诺图中圈出并找到每个图中的最简表达式(提示:注意本题分数很低,请合理分配你的时间)。

$F_{SOP} =$

$Cout_{SOP} =$

实验工程 7 组合算术电路

学生

我提交的是我自己完成的作业。我懂得如果为了学分提交他人的作业要受到处罚。

姓名 _____ 学号 _____

签名 _____ 日期 _____

预计耗用时数

1 2 3 4 5 6 7 8 9 10

1 2 3 4 5 6 7 8 9 10

实际耗用时数

分数量值表

4：好
3：完整
2：不完整
1：小错误
0：未交

每迟交一周扣除总分的 20%
得分＝评分(Pts)×权重(Wt)

实验室教师

序号	演示	Wt	Pts	Late	Score	实验室教师签名	日期
3	VHDL 源代码检查	2					
4	电路演示	3					
E1	电路演示	3					
5	电路演示	4					
5	电路演示	5					
7	电路演示	5					

实验室分数 _____

等级

序号	项目	Wt	Pts	Score	第几周提交	分数	总分＝实验室分数＋得分表分数	总分
1	VHDL 源代码,测试文件和仿真文件	2						
2	VHDL 源代码,测试文件和仿真文件	3						
3	VHDL 源代码,测试文件和仿真文件	3						
4	源代码和仿真文件	3						
E1	VHDL 源代码,测试文件和仿真文件	3						
5	VHDL 源代码,测试文件和仿真文件	4						
6	源代码和仿真文件	5						
7	VHDL 源代码和仿真文件	5						

问题 7.1 在 WebPack VHDL 环境里设计并仿真一个 8 位比较器。提交源代码和仿真文件(提示:可以使用行为设计方法)。

第7章 组合算术电路

问题 7.2 在 WebPack VHDL 环境里使用结构描述方法来设计并仿真一个 8 位 RCA（提示：FA 和 HA 位分段模块可以设计成行为模块，并且在独立的 VHDL 结构描述源代码中可以被当作元件）。提交源代码和仿真文件。

问题 7.3 使用 VHDL 结构描述方法，设计并仿真一个 8 位 CLA。由实验室老师检查你的工作，并提交源代码和仿真文件。

问题 7.4 使用 Xilinx 工具（可以选择原理图或 VHDL）设计，仿真并实现一个 4 位加法/减法器模块。把设计下载到 Digilent 开发板中，使用 4 个滑动开关来设置操作数 A，用 4 个滑动开关来设置操作数 B，用一个按扭来选择加法还是减法。使用 5 个灯作为电路输出。仔细检查并确保电路可以工作，向实验室老师演示设计电路，打印并提交源代码和仿真文件。

附加分 在一个七段数码管上显示问题 4 的结果。向实验室老师演示电路，打印并提交源文件。

问题 7.5 设计一个下溢/上溢监测电路，该电路并不需要访问最高有效位的进位输入信号，并且把这个电路添加到问题 7.4 的设计中。当输出出错时驱动一个灯来表示。向实验室老师演示电路，打印并提交源文件。

问题 7.6 使用 HA、FA 和 8 位 CLA 元件，用 Xilinx 工具实现一个 4 位乘法器。把几种有代表性的情况存储在一个波形仿真文件中，用它仿真这个乘法器。在 Digilent 开发板上完成这个乘法器，用 8 个滑动开关作为输入（每个输入 4 个开关），8 个灯作为输出，并且演示电路给实验室老师看，提交源文件和仿真文件。

问题 7.7 使用 Xilinx 的 VHDL 工具和 Digilent 开发板设计并实现一个 4 位 ALU。这个 ALU 必须完成上面给出的操作表中所描述的所有操作。你可以随意选择滑动开关和按钮作为输入，将 LED 或 7sd 作为输出。将电路演示给实验室老师看，并提交源文件和仿真文件。

第 8 章
信号传输延迟

8.1 概 述

本章讨论逻辑信号在逻辑电路中传输的时序问题。到目前为止，本书还没有研究逻辑信号经过逻辑门和信号线所需要的时间。而我们讨论时都假设逻辑门输出从"0"到"1"或是从"1"到"0"的跳变都是立即发生的(即 0 延迟)。在以后的讨论中，本书也都会认为对于输入变化产生的响应，逻辑电路输出要么保持不变，要么立即改变为新值。这种简化的方法是合理的，因为通过这种方法设计者可以把精力集中在电路的逻辑特性上。但现在，本书将开始讨论实时逻辑电路的行为，其中电平是不可能即时变化的。

阅读本章前，你应该：
- 熟悉各种组合逻辑电路，从基本的 SOP 和 POS 电路到更复杂的算术与逻辑设计；
- 能够在 Xilinx 公司的 ISE/WebPack 工具中使用 VHDL 与/或原理图法设计并对结构描述和行为描述的电路进行仿真；
- 能够将电路下载到 Digilent 开发板中；
- 熟悉算术电路和位分段设计方法。

本章结束后，你应该：
- 能够轻松地应对更复杂的设计问题；
- 理解合理划分设计的价值；
- 比较自顶向下和模块化设计这两种方法，理解它们的用途和如何进行折中使用；
- 理解电路延迟的来源；
- 能够分析组合电路并确定其输出是否存在逻辑噪声(或是"毛刺")。

完成本章，你需要准备：
- 一台装有 Windows 操作系统的个人计算机，以便运行 Xilinx 公司的 ISE/WedPack

软件。

8.2 逻辑电路中的传输延迟

电子信号在导体中的传输速度大约为 8 cm/ns(实际的传输速度要由导体的材料、尺寸以及其他外部因素来决定)。电子开关,如逻辑电路中的 FET,开关操作一般需要几百皮秒的时间。当开关打开时,它会对输出节点的电容充电或放电,而这一过程也需要时间。所有这些因素导致了一个显而易见的问题:电子信号在逻辑电路中的传输都需要时间。换句话说,在数字电路中,处理信息是需要时间的。根据开关逻辑电路推算,处理时间在较短的有效信号传输时间和较长的有效传输延迟之间。如果设计不当,传输延迟可能会导致逻辑电路运行变慢而无法满足系统要求,或者使系统彻底瘫痪。

一个简单的电路,它的等效 CMOS 电路及其时序如图 8.1 所示,图中有一个高亮表示的特殊内部节点(N1)。如图中所示,当 C 为高,B 由低跳变为高时,那么电路节点 N1 经过时间 τ_1 后由高跳变为低。时间 τ_1 就是 NAND 门(与非门)的"传输延迟"。对于 CMOS 电路,传输延迟时间 τ_1 标定了三极管 Q1 断开和节点 N1 从 V_{DD} 到 GND 放电的时间。尽管在输出节点上没有实际的电容,但与电路节点 N1 相关的所有信号线和 FET 连接可以看作是一个电容,如图 8.1 所示,这种"寄生"累积电容以一个名为 C1 的元件来表示。与任何其他电容一样,C1 不能立即由 V_{DD} 变为 GND;传输延迟 τ_1 标定了电容放电所需要的时间。

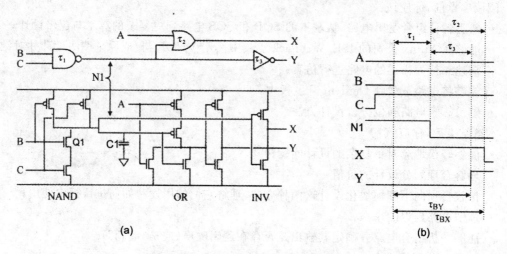

图 8.1 CMOS 电路的寄生电容与传输延迟

在 C1 电容放电时,N1 的电压会降低到非门的输入开关阈值电压以下,非门在传输延迟 τ_3 后会驱动输出 Y 跳变为"1"。或门的传输延迟(τ_2)要比非门的长。通常情况下,不同门的传输延迟是不同的。此外,特定门的延迟还和该门需要驱动的其他门与连线的数量有关,所以给定电路中相同类型门的传输延迟也会不同。在一个特定的数字电路中,设计者一般更关心系统响应时间而不是单独的门延迟。对于该电路,系统响应时间 τ_{BX} 和 τ_{BY} 就表示信号 X 和 Y 响应信号 B 改变所需要的时间,如时序图的底部所示。

驱动一个输出由"0"跳变为"1"(或者由"1"跳变为"0")所需要的时间是由输出节点的电容大小来决定的。在 CMOS 电路中,特定输出节点的电容大小是由与该输出节点相连的"下游"(downstream)门的输入的个数决定的(例如,在上面的电路中,节点 A 驱动一个门的输入,而节点 N1 驱动两个)。现在可以初步估算一下,输出节点所需要驱动的下游门的数量与该输出节点发生跳变所需要的时间之间有一个线性的关系。这就是说,如果一个与两个下游门的输入相连的输出节点从"0"跳变为"1"所需要的时间为 X,那么驱动 4 个下游门输入的同一个节点从"0"到"1"跳变就需要时间 2X。

电路不同的实现技术有不同的延迟。例如,以现代 FPGA 技术实现的电路延迟,远小于以 5 年前的 FPGA 技术实现的电路延迟,而这两个 FPGA 电路的延迟要远小于以独立门实现的同样电路的延迟。使用最先进的技术可以达到最小的延迟(10 的 ps 级),这些技术专门使用在大量销售的"全定制"芯片中(如奔腾处理器),或是使用在需要最高性能的特定应用中(如高精密仪器)。但无论什么样的工艺,在元器件制造过程中各种因素都会影响电路延迟,所以同一生产线生产出的两个器件也不可能具有完全相同的延迟。此外,当电路放在不同的环境下时,延迟也会改变——温度和供电电压对电路上不同节点的延迟影响非常大。

8.2.1 电路延迟与 CAD 工具

在 CAD 工具如 Xilinx 公司的 ISE/WebPack 软件中"实现"(即转化或映射为一种特定的工艺)一个电路设计时,会创建一个独立的数据库,其中包含设计中每个元件的特定信息。该数据库包含了用于定义每个元件的输入/输出关系的信息,包括输入信号从跳变经过元件传输到输出信号发生跳变所需要的时间。延迟信息通常分别存储在上升沿跳变(从"0"到"1"跳变)和下降沿跳变中。对上升沿和下降沿使用不同的延迟值,可以说明用于驱动输出节点跳变为"0"或"1"的 FET 的差别。在下降沿,nFET 用于驱动输出节点到"0";而在上升沿,pFET 用于驱动输出节点到"1"(见上面的电路例子)。在 CMOS 电路中,nFET 可以通过的电流通常是相同尺寸的 pFET 的两倍,所以驱动输出节点到"1"的时间一般是驱动输出节点到"0"的时间的两倍。一些简单的 CAD 工具忽视了这一现象,使用一个数值来定义"门的延迟",并且用于所有输入的上升沿和下降沿。

一般情况下,我们无法准确地得知给定电路的延迟,除非电路被转化为最基本的结构描述,而最基本的描述取决于实现电路的工艺。当电路综合到给定的器件如 FPGA 或 CPLD 时,所有在源文件中指定的"逻辑"器件和连线都会被映射到芯片上特定的物理器件。一旦映

第 8 章　信号传输延迟

射,就可以开始计算出设计中每个电路节点的延迟,而且精度非常高。但在映射前,只能粗略地估算延迟。无论延迟是计算的还是估算的,所有可用的逻辑仿真器都必须调整延迟值,从而使设计者可以仿真物理电路的行为。事实上,客观地说,精确延迟的建模是仿真器最有用、最重要的特性。设计者现在已经知道,在一个设计被投入生产之前,必须了解所有电路节点的延迟所起的作用。

在现代设计流程中,电路开始设计时并不需要考虑太多的延迟因素。设计初期,仿真器只用于检查电路逻辑是否正确。当电路设计综合到一个特定的工艺中时,CAD 工具可以自动地精确计算出每个电路节点的延迟。然后,电路可以重新进行仿真,设计者可以根据精确的节点延迟来研究电路的行为。延迟信息通常存储在一个名为"标准延迟格式"或.sdf 的文件中。在后综合仿真中,仿真器通过.sdf 文件与电路定义及激励文件创建高精度的输出。

许多基于原理图的 CAD 工具,以及所有的 VHDL 工具,都允许设计者在开始描述电路时就包含延迟信息。虽然这些延迟信息都是用"最精确的估算"来定义的,但是它们仍可以用于研究已知电路的性能。对这些延迟值可以进行简单的修改,来仿真可能出现的不同工作环境下的电路行为。例如,在不同工作温度或供电电压下可以使用最佳或最差情况延迟来模拟电路的性能。

本章以前所讨论的问题和练习,主要关心的是设计一个功能正确的电路,忽视了门延迟的作用。深入下去,读者就会发现设计一个"功能正确"的电路是解决实际问题过程中最简单的一步。电路能够一直正常工作在实际环境中才是更大的挑战,这需要解决随之而来的所有的门延迟和时序问题,而通过测试来验证电路性能也是一个挑战。

8.2.2　在 VHDL 源文件中指定电路的延迟

如图 8.2 所示,VHDL 赋值语句的时序行为可以使用关键字"after"和一个时间来指定。在这个简单的例子中,可以使用一个延迟值来定义从输入改变到输出改变经过的时间。如图中第二个示例代码中,Y 要在 A、B 或 C 改变后 3 ns 才能被赋予新值。

上面的例子将整个电路看作一个整体,并给整个电路赋予单一的一个延迟值。尽管这是一种简

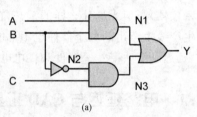

(a)

```
architecture simple of example is begin
  Y <= (A and B) or (not B and C);
end simple;

architecture simple of example is begin
  Y <= (A and B) or (not B and C) after 3ns;
end simple;

architecture gates of example is
  signal N1, N2, N3 : std_logic ;
begin
  N1 <= (A and B) after 2ns;
  N2 <= not B after 1ns;
  N3 <= (N2 and C) after 2ns;
  X <= (N1 or N3) after 3ns;
end gates;
```

(b)

图 8.2　VHDL 代码中的指定延迟

单的延迟赋值方式,但它却隐含有大量有用的信息。一般情况下,如果读者想模拟电路的延迟信息,最好对每一个逻辑门的延迟都进行赋值,包括那些在输入、输出之间驱动中间节点的逻辑门。那么更加详细的仿真就可以表明各逻辑门造成的延迟是否会导致问题出现。

第三个结构体实例通过对每一个电路节点的延迟进行赋值,提供一个更详细的描述。如果一个复杂的赋值语句分解为与之类似的多个赋值部分,那么就可以赋予更详细(因此更有用)的延迟值。后面仿真这段 VHDL 代码时,在波形图中就可以检查每一个信号节点。

8.2.3 毛 刺

传输延迟不仅会限制电路的工作速度,还会导致输出出现意想不到并且有害的跳变。这些有害的跳变,就称为"毛刺"。当信号传播通过有 2 条以上通路的电路时,并且其中一条通路的延迟比其他通路都长,如果此时某个输入信号状态改变,将会出现"毛刺"。当信号通路在输出门汇合时,那条通路的更长的延迟会引起毛刺。当一个输入信号通过两条以上的路径驱动输出时,如一条包含非门,而另一条不包含非门,通常会产生不对称的路径延迟。图 8.3 显示了由一个非门造成的毛刺。注意毛刺(Y 上 1—0—1 电平变化)的持续时间和非门的延迟时间是一样的。

所有的逻辑门都会对逻辑信号附加一些延迟,其延迟的时间是由这些逻辑门结构以及输出负载所决定的。如图 8.3 所示,非门(由时间 τ_1 确定)比其他逻辑门(τ_2)有更长的延迟。在这一设计的例子中,使用了很长的非门延迟,清楚地说明它对造成输出毛刺所起的作用,但是不管延迟时间有多长,毛刺都会出现。仔细分析该时序图,可以很清楚地发现,非门延迟与输出毛刺有直接关系。

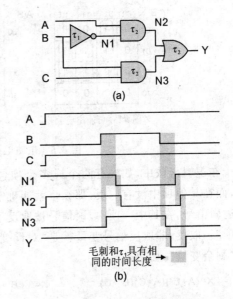

图 8.3 产生"毛刺"的电路与时序

当两个乘积项使用同一个输入(或是 POS 等式中的两个和项)且其中一项取反而另一项没有取反时,毛刺就会产生。图 8.4 中的逻辑函数和卡诺图说明了这种情况。在卡诺图中,两个环形圈确定了最简逻辑函数。BC 项与 A 项相互独立;这就是说,如果 B 和 C 都是"1",那么输出就是"1",与 A 的变化无关。同样,AB′项与 C 项相互独立,如果 A 和 B 分别为"1"和"0"的话,输出为"1",与 C 无关。但注意,如果 A 为"1"且 C 为"1",那么输出总为

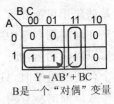

图 8.4 对偶变量

第8章 信号传输延迟

"1",而与B无关,但是不存在驱动与B无关的输出的单项。这就可能导致这样的问题:当A和C都为"1"时,这两个不同的乘积项保持输出为"1",其中一项(BC)中的B为"1",另一项(AB′)中的B为"0"。因此,由于B的跳变,这两个乘积项必须要在输出端相加以保持输出为高电平,这就导致了毛刺。

一个电路是否会产生毛刺可以用原理图、卡诺图或逻辑函数来判断。在原理图中,一个输入经过多个路径到达一个输出,且其中有一条路径有非门,而另外的没有,就可以造成毛刺;在卡诺图中,如果圈相邻接但没有交叠,且该相邻接处没有被其他圈覆盖,那么就有可能造成毛刺。在如图 8.5 所示的卡诺图中,只有卡诺图#1 可能会导致电路毛刺。

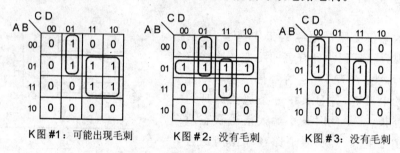

图 8.5 电路毛刺产生的卡诺图判别方法

在逻辑函数中,如果有两个或多个项包含同一个逻辑信号,且该信号在其中一项被取反了,而在其他项中没有取反,那么也就能确定有毛刺产生。这种情况下,如果有两项包含同一个逻辑信号,在其中一项中,该信号被取反了,而另一项中没有取反,那么这两项就被称为"对偶项"。取反/非取反信号变量就是"对偶变量(coupled variable)",而两项中的其他变量就称为"剩余变量",如图 8.6 所示。

$X=(A+B')(A+C)(B'+C)$ $X=A\cdot B'+A'\cdot C$ $X=A'\cdot C'+A\cdot B+B'\cdot C'$

不可能有毛刺   当A变化时X可能有毛刺   当A、B或C变化时X可能会有毛刺
没有对偶项   两项都有对偶   A′C′&AB是对偶项
                         A是对偶变量   AB&B′C′是对偶项
                         B和C是常量   A′C′&B′C′是对偶项

图 8.6 剩余变量

某些应用可能要求去除毛刺,这样当一对偶变量状态发生改变时,输出还能够保持稳定。注意到在解答图 8.5 中的 K 图#1 时,只有在 B 和 C 保持高电平时才可能产生 Y 的毛刺。这一现象可以概括为:要产生毛刺,逻辑电路必须被对偶变量"激活",也就是将所有的输入驱动到一个合适的电平时,只有对偶变量可以影响输出。在 SOP 电路中,这就意味着必须将除了对偶输入以外的所有输入都驱动到"1",这样,这些输入对第一级与门的输出就没有影响。

通过上面的观察可以直接得出将逻辑电路中毛刺去除的方法:将第一级的逻辑门(即 SOP 中的与门)中所有的剩余输入信号组合起来,并给电路增加新的逻辑门。例如,在等式 X

$=A'B+AC$ 中,对偶项是 A,剩余信号可以组合起来组成 BC 项,并将该项加到电路中组成 $X=A'B+AC+BC$。在如图 8.7 所示的卡诺图中,原始等式是最简的(蓝色的圈),而无毛刺等式增加了一个冗余项(红色的圈)。

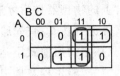

图 8.7 毛刺去除

永远存在这样一个事实:去除毛刺需要一个带有冗余逻辑的更大电路。在实际应用中,通常采用的方法是设计出最简电路并用其他方法来去除毛刺(将在后续的章节中介绍)。本章只是让读者知道,在组合电路中只要有输入信号改变,那么就可能产生毛刺(除非被证实没有毛刺,否则,至少是有可能的)。

图 8.5 中的 K 图♯1 中的原始 SOP 等式的圈没有交叠,这是可能存在毛刺的一个特征。当加上了冗余项的圈时,每一个圈都至少与另外一个圈交叠,那么就不会产生毛刺了。

如果无交叠的(或分开的)圈分布在不相邻的卡诺图单元格中(如图 8.5 中的卡诺图♯3 所示),就不存在对偶项,也没有对偶变量,那么就不可能增加圈来使所有的圈都至少与另一个交叠。在这样的情况下,单一的输入改变不会产生毛刺。在这种电路中,两个或更多的输入可能在"同一时间"改变状态,得到预期的结果是输出保持在一个稳定的状态。例如,在卡诺图♯3 的电路 $Y=A'C'D'+BCD$,就能使所有输入从"0"到"1"同时变化,并且相应地,输出保持为"1"。实际上,所有输入是不可能同时发生变化的(至少是在皮秒范围内),那么,输出就会产生类似毛刺的脉冲,其持续时间就是输入信号变化时的时间差。这样的有害跳变是无法通过增加冗余逻辑门来消除的;要想消除这样的毛刺,就必须重新定义电路或是通过采样和流水线操作来处理(这将在后续的章节中讨论)。这里就不再讨论由于多输入信号改变产生的有害的输出跳变了。

目前本章讨论的绝大多数毛刺都是基于 SOP 电路的,但是相同的现象也存在于 POS 电路中。POS 电路产生毛刺的原因和 SOP 电路是一样的(即一个输入通过多路径到达输入门所引起的不对称路径延迟)。与读者预想的一样,POS 电路产生毛刺的条件和 SOP 电路类似,但不完全一样。

这些简单的实验工程表明了数字电路中门延迟的基本作用,即输出毛刺是对输入变化响应的结果,输入路径上的不对称延迟在输出端造成了毛刺。更普遍的情况下,只要有一个输入通过了两条不同的电路分支,而这两条分支在电路"下游"节点上汇合,那么类似毛刺的时序问题就可能出现。再次强调,本章的目的是让读者意识到信号传输通过逻辑电路会产生延迟,不同的路径有不同的延迟。在某些特定情况下,这些不同的延迟可能会造成一些问题。

8.2.4 使用 CAD 工具生成延迟

Xilinx 公司的 ISE 仿真器可以对要下载到 Xilinx 器件中的电路延迟进行建模。该仿真器包含"布线后仿真"功能,可以对所有电路节点自动产生延迟。由于延迟在电路被映射为目标

第 8 章 信号传输延迟

芯片上的物理器件后才进行计算,所以这些延迟是非常精确的。可以对带有延迟信息的任何源文件进行仿真:首先通过 Xilinx 工程向导"实现"电路设计,然后以布线后模式运行仿真器(或只在布线后模式下运行仿真器,此时如果电路还没有被实现,那么仿真器会自动实现电路)。在实验工程文档中有一个简短的附录,说明了如何在布线后模式下运行仿真器。

实验工程 8 信号传输延迟

学生			预计耗用时数
我提交的是我自己完成的作业。我懂得如果为了学分提交他人的作业要受到处罚。			1 2 3 4 5 6 7 8 9 10
			1 2 3 4 5 6 7 8 9 10
			实际耗用时数
姓名		学号	分数量值表
			4：好
			3：完整
签名		日期	2：不完整
			1：小错误
			0：未交

每迟交一周扣除总分的 20%
得分＝评分(Pts)×权重(Wt)

实验室教师							实验室分数
序号	演 示	Wt	Pts	Late	Score	实验室教师签名 日 期	
6	仿真器输出检查	5					NA

等 级						第几周提交	分 数	总分＝实验室分数＋得分表分数	总 分
序号	项 目		Wt	Pts	Score				
1	工作表		2						
2	工作表		1						
3	工作表，源代码，加注释的仿真		3						
4	工作表		1						
5	工作表，源代码，加注释的仿真		2						
6	工作表，源代码，加注释的仿真		4						
7	工作表，源代码，加注释的仿真		5						

问题 8.1 用 VHDL 工具来实现函数 $Y = A' \cdot B + A \cdot C$。分别定义 INV、OR 和两个 AND 操作，并且让每个操作延迟 1 ns。通过输入的所有组合来仿真该电路，仿真时查看所有的电路节点(输入、输出和中间的节点)。回答以下问题。

(1) 当 B 和 C 都为高电平时，A 从高电平跳变成低电平，然后再从低电平跳变到高电平，观察 AND 门的输出和整个电路输出(针对这一行为你可能需要再进行一次仿真)。当 A 跳变的时候注意有什么样的输出。

第8章 信号传输延迟

(2) 当 B 和 C 保持"0",A 跳变的时候,会发生什么?

(3) 输出的毛刺持续多长时间?_____ 是正的(⎵⎴⎵) 还是负的(⎴⎵⎴)(画圈选择)?

(4) 将非门的延迟改变为 2 ns,重新仿真。现在的输出毛刺是多长时间?_____

(5) 能否说出非门延迟和毛刺持续时间之间的关系?

(6) 基于该实验,当一个输入到达一个 AND 门而以它的反变量的形式到达另一个 AND 门,当该变量从_____跳变为_____时,SOP 电路可出现(正/负)毛刺(画圈选择)。

问题 8.2 根据问题 8.1 的逻辑表达式,填写如图 8.8 所示的卡诺图,圈出包含冗余项的等式。把这些冗余项加到 Xilinx 的电路中,重新仿真,并回答下列问题。

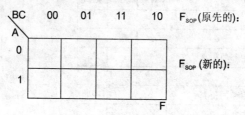

图 8.8 问题 8.2 的图

(1) 电路加了一个新的逻辑门以后,电路的逻辑行为改变了吗?

(2) 新的逻辑门对输出有什么影响,特别是在 A 改变而 B 和 C 都保持高电平的时候?

问题 8.3 设计一个 3 输入的 POS 电路来说明毛刺如何形成的。使用仿真器说明 POS

电路中的毛刺并回答下列问题。

(1) 一个 SOP 电路会出现正/负脉冲（画圈选择），当输入取反后的形式到达 AND 门，以及不取反的形式到达另一个 AND 门的时候，它从_____跳变为_____。

(2) 写出你用来说明毛刺产生的 POS 等式。

(3) 写出如图 8.9 中所示的卡诺图中的表达式，圈出带有冗余项的等式，在你的 Xilinx 电路中加上冗余门并重新仿真。

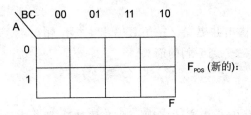

图 8.9　问题 8.3 的图

(4) 电路中增加了新的逻辑门后是如何影响电路的逻辑行为的？

(5) 增加了新的逻辑门，对于输出产生什么结果，特别是 A 改变而 B 和 C 都保持高电平的情况？

(6) 打印电路和仿真输出并提交，并在仿真输出中标出输出毛刺，从毛刺的引起事件（即输入信号的跳变）画上一个到毛刺的箭头。

问题 8.4　复制问题 8.3 中的 SOP 电路到一个新的 VHDL 文件中，并且增加 OR 门的输出延迟。对该电路进行仿真并回答下列问题。

(1) 给输出门增加延时是如何改变输出跳变的？

(2) 输出门的延迟增加，是否以某种方式改变了电路的毛刺行为？

问题 8.5　根据 $Z = (A \cdot B) \cdot (A \cdot C)'$ 设计一电路，AND 门的延迟设为 1 ns，NAND 门

的延迟设为 2 ns。仿真该电路,观察输出,并回答以下问题。

(1) 你观察到哪种类型的毛刺?

(2) 形成毛刺需要什么样的输入条件?

(3) 毛刺持续的时间有多长,它的长度与 AND 和 NAND 门的延迟有何关系?

(4) 打印电路和仿真输出并提交。在仿真输出中标出输出毛刺,并且从毛刺的引起事件(即输入信号的跳变)画上一个到毛刺的箭头。

问题 8.6 用 VHDL 的行为描述实现一个 8 位加法器。在后布线模式下,使用 VHDL 测试平台来仿真该电路,请实验室老师检查你的仿真输出,打印并提交源代码和仿真文件。对仿真输出加注释,用来显示加法器的"建立"时间(即输出产生变化需要的时间)。

(1) 当输入改变以后,加法器需要多长时间才能输出有效数据?

(2) 电路运行的最高频率是多少?

问题 8.7 在后布线模式下,使用问题 8.6 中的测试平台,仿真前面实验中的 8 位 RCA 和 CLA。打印并提交源代码和仿真输出。对仿真输出加上注释,显示出加法器的"建立"时间。从输入改变到每一个输出都有效,需要多长时间?

      RCA:_____   CLA:_____

附录 ISE/WebPack 仿真器后布线模式运行

  为了在后布线模式下运行 ISE/WebPack 仿真器,在工程导航界面的源代码窗口中,从"Sources for"下拉菜单中选择"post-route simulation",并且像以前一样运行该仿真器(注意在"Processes"窗口中只能选择"Simulate Post-Place & Route Model")。图 8.10 是屏幕截图,相应的选择被高亮度显示出来。

第 8 章 信号传输延迟

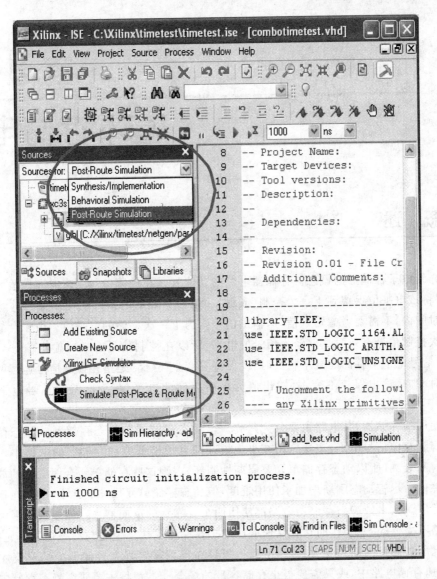

图 8.10　ISE/WebPack 后布局布线仿真

第 9 章
基本存储电路

9.1 概述

  本章介绍电子存储器的概念。存储器电路的功能就是在控制信号到来时存储输入信号的电平值,并将该电平值保留到下一个控制(或触发)信号有效的时候。在控制信号连续两次有效之间的时间内,不需要考虑输入信号,输出信号则为上一次存储的电平值。由于存储器电路可以在每次控制信号有效时存储输入信号的电平,所以在控制信号有效时输出信号会立刻改变(当输入信号电平与存储的电平相反时)或保持不变。"存储"是指在控制信号连续两次有效之间这段时间内,输出保持不变,且输出值为最后存储的电平值,而与输入信号电平的改变无关。

  目前使用的存储器,其电路主要分为两类——动态存储器与静态存储器。动态存储单元使用小电容来存储信号电平,主要应用在小规模存储且价格低廉的存储器的电路中。由于电容电压随时间衰减,所以动态存储单元要周期性刷新,否则这些存储单元会因电容的放电失去存储的电平值。尽管动态刷新增加了使用难度,但动态存储单元尺寸非常小,所以在存储电路中应用非常广。大多数静态存储器电路都使用两个背靠背的反向器来存储逻辑电平值。静态存储器电路不需要动态刷新,而且存储速度比动态存储器更快。但是与动态存储单元相比,静态存储单元所需芯片的面积要大一些,所以一般只在特别需要静态存储器的情况下才使用它们,如在高速存储电路中,或只需要很小存储容量的场合。本章将主要研究静态存储电路及其相关器件。

  存储器电路至少需要两路输入——用于存储的数据输入信号和一个时序控制信号,其中时序控制信号用来确定何时存储数据输入信号的电平值。在操作过程中,当时序控制信号有效时,数据输入信号就会将存储器电路存储节点的电平驱动到"1"或"0"。一旦存储器电路转换到一个新的状态,它将保持其状态直到后来的输入信号改变导致存储器为一个新的状态。

本章实验将研究用于创建电子存储器的基本电路。

阅读本章前,你应该:
- 能够熟练设计各种组合电路;
- 熟悉 Xilinx WebPack 设计工具。

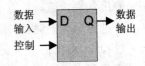

图 9.1 基本存储器

本章结束后,你应该:
- 理解基本存储电路(图 9.1)的功能以及设计方法;
- 理解在存储电路采样输入信号时可能产生的问题;
- 熟悉目前使用的不同存储器。

完成本章,你需要准备:
- 一块 Digilent FPGA 开发板;
- 一台装有 Windows 操作系统的个人计算机,以便运行 Xilinx 公司的 ISE/WedPack 软件。

9.2 背景介绍

9.2.1 存储器电路介绍

存储器电路主要可分为两大类:① 动态存储器,主要用在计算机系统中存储数据(如计算机中的 RAM);② 静态存储器,主要用于存储描述数字系统操作状态的信息。目前,计算机系统中的动态存储电路已经发展到非常专业的地步,这将在后续的实验中涉及。本章练习将给出存储电路,用于存储数字系统操作状态的信息。

许多电子设备都是包含存储电路的数字系统,且这些存储电路描述了系统的操作状态。事实上,任何电子设备,如果要求它能产生或响应一系列的事件,那么就必须含有存储器。这样的设备包括手表、时钟、应用控制器、游戏设备以及计算设备。如果一个数字系统中包含 N 个存储器,且每个存储器都可以存储"1"或"0",那么该系统的操作状态就可以用 N 位二进制数来表示。此外,有 N 个存储器的数字系统,其状态一定就是 2^N 种状态中的一种,其中每种状态都可以由二进制数来唯一表示,这些二进制数是由系统中所有存储器所存储的内容连接在一起而组成的。

在任何时候,储存在内部存储器中的二进制码都定义了数字系统的当前状态。数字系统中新的输入可以导致一个或多个存储器状态的改变(从"1"到"0"或从"0"到"1"),从而导致该数字系统状态的改变。因此,只要存储器中的二进制码改变,那么数字系统的状态也就同时改变。正是通过这种直接的状态到状态的改变,数字系统才能够产生和响应一系列的事件。第 10 章实验中将讨论数字系统通过某些操作来存储和改变其状态,本章实验将研究怎样构造存储器电路。

在数字工程中,一般考虑两种状态或双稳态存储电路。双稳态电路有两种稳定的操作状态——输出状态为逻辑"1"(V_{DD}),或者输出状态为逻辑为"0"(GND)。当双稳态存储电路处于其中一种稳定状态时,要想使其从原有状态变成另一种稳定状态,就需要一定的能量。在状态改变过程中,输出信号一定会经过不稳定状态区。所以设计的存储电路不能停留在不确定的不稳定状态——它们只要进入了不稳定状态,就会立即试图重新进入另一种稳定状态。

图 9.2 为亚稳定状态示意图,球代表存储器中存储的值,波峰代表存储电路从一种状态转换为另一种状态必须要经过的不稳定状态区域。值得注意的是,图中存在一个潜在的第三种稳定状态,即正好具有合适的能量,使球直接到达峰顶。同样,存储电路也有一个潜在的第三种稳定状态,处于两种稳定状态之间。当存储电路在两种稳定状态之间转换时,重要的是给电路提供足够的能量确保电路通过不稳定区。

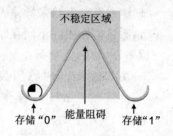

图 9.2 亚稳态示意图

在双稳态电路中,一旦到达"0"和"1"这两种状态,那么维持这两种状态就很容易。控制信号可以导致电路状态的改变,但它也必须提供最低限度的能量使电路能够通过不稳定状态区。如果输入信号使电路从一种稳定状态转换到另一种稳定状态,并且提供的能量超过了最低限度的能量,那么电路状态的改变就可以快速完成。但如果输入信号提供的能量不足(虽然足以启动转换,但不足以使它迅速通过不稳定区),那么电路可能临时"滞留"在不稳定区。所设计的存储电路要尽可能减小这种情况发生,如果电路进入了不稳定状态(图 9.2 中箭头所指的位置),就要尽量减小电路在不稳定状态停留的时间。如果存储电路在不稳定状态区域中迟滞时间太长,那么其输出可能会产生振荡或输出电平处于"0"和"1"之间,从而导致数字系统不能正常工作且其行为不可预测。存储器在不稳定区域中的滞留就称为亚稳态,而所有的存储器都有可能进入亚稳态(后面将更多地讨论亚稳态)。

静态存储电路需要反馈,且任何有反馈的电路都有存储器(到现在为止,本书只讨论了没有存储器的前馈式组合电路)。任何逻辑电路,只要将其中一个输出信号"反馈"连接到输入端,那么就可以称为反馈电路。绝大多数反馈电路都不会表现出有用的行为特性——它们要么是单稳态的(即输出始终稳定在"1"态或"0"态),要么其输出在"1"和"0"之间振荡。只有某些反馈电路是双稳态和可控的,且这些电路就是简单存储器电路的雏形。简单的反馈电路如图 9.3 所示,并注明了哪些是可控的或不可控的,哪些是双稳态的或非双稳态的。

图 9.3(f)、(g)两个既是双稳态又是可控的,它们中的每一个都可作为存储单元。这些电路的时序图将在下面给出。

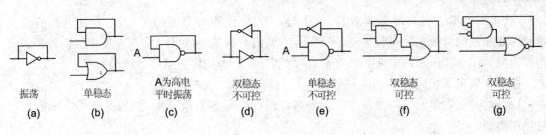

图 9.3 简单反馈电路

9.2.2 基本单元

图 9.4 中,两个电路都有 S(置位)和 R(复位)两个输入,一个输出 Q(通常约定,Q 代表存储器的输出)。当 S 输入有效时,使输出"置位"为"1";当 R 输入有效时,使输出"复位"为"0"。

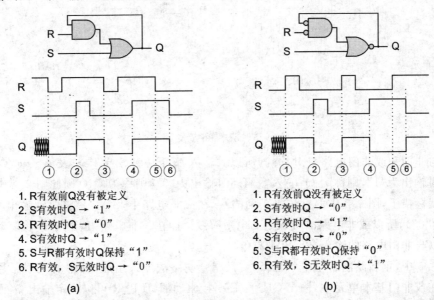

图 9.4 RS 触发器与有效信号

在图 9.4(a)与/或电路中,S 必须为"1"来驱动 Q 置"1",R 必须为"0"来驱动 Q 复位到"0"(所以 S 是高电平有效而 R 是低电平有效)。在时刻 2,S 的上升沿到来时 Q 被置位,Q 保持置位直到时刻 3 时被复位。因此,Q 具有存储功能,它在输入 S 无效后仍然保持为"1",即在时刻 2 和时刻 3 之间存储了逻辑"1"。同样,当 R 有效时(下降沿),Q 被复位到逻辑"0",并且保持该值,直到未来某一时刻再被置位,即该电路能够存储逻辑值"0"。

在图 9.4(b)或非门电路中,S 必须为"1"来驱动 Q 复位到"0",R 必须为"1"驱动 Q 置"1"

第 9 章　基本存储电路

(所以这里 S 和 R 都是高电平有效)。由于与/或门电路需要更多的三极管,且其电路的输入信号需要相反的有效电平,所以一般不使用与/或门来构造存储器电路。这里希望读者仔细阅读并研究如图 9.4 所示的电路和时序图,确保能够很好地理解所给出的行为特性。

图 9.5 给出了相同的或非电路和类似的与非电路。这两种电路都经常用在存储器电路中,且都称为"基本单元",与非基本单元的时序图可以很容易画出来,它与图 9.4 中或非门的时序图类似。

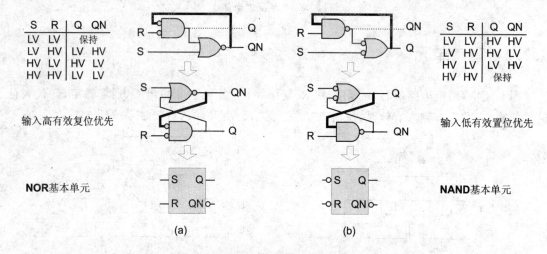

图 9.5　基本 RS 触发器

由于与非门和或非门电路是对称的,所以其输入都可以用 S 或 R 来表示。通常约定,输入 S 驱动时输出为"1",则称为 Q;输入 S 驱动时输出为"0",则称为 QN(因此图 9.4 中的基本或非电路就标错了,图 9.5 中的标法是正确的)。在或非电路中,S 为"1"将驱动输出 Q 为"1"(如果 R 为"0"),所以或非电路的输入是高电平有效。而在与非电路中,S 为"0"将驱动输出 Q 为"1",所以与非电路的输入是低电平有效。

在图 9.5 中,重新绘制了基本单元,以交叉耦合电路的形式组成,其中的反馈路径用粗实线表示。在或非基本单元中,输出 Q 是由 R 直接驱动的,所以 R 可以决定输出 Q,而与 S 无关;如果 R 为"1",那么 Q 就为"0",而不管 S 取什么值。因此,或非基本单元也称为"复位优先"。在与非门基本单元中,输入 S 可以决定输出 Q,而与 R 无关;如果 S 为"0",那么输出 Q 为"1",与 R 无关。因此,与非门基本单元也称为"置位优先"。在真值表中,如果两个输入都有效时,置位优先和复位优先的区别就很明显了。在复位优先的或非门单元中,当 R 有效时(最后一行),Q 被置为"0";而在置位优先的与非单元中,当 S 有效时(第一行),Q 被置为"1"。

通过图 9.5 的真值表和电路图的研究,可以得出如下结论:
- 两个电路的真值表中间两行是相似的(当 S 和 R 中任意一个有效时,Q 和 QN 都从一个状态被驱动到其相反的状态)。

- 当两个输入都有效时，Q 和 QN 的逻辑电平相同（它们不再是相反）。
- 当没有输入有效时，反馈回路的逻辑电平决定电路的输出。

基于这些结论，可以为基本单元定义如下的行为特性（记住，对于或非门单元，置位和复位信号是高电平有效；对于与非门单元，它们是低电平有效）：

- 当只有置位信号有效时，Q 为"1"且 QN 为"0"；
- 当只有复位信号有效时，Q 为"0"且 QN 为"1"；
- 当置位信号和复位信号同时有效时，Q 和 QN 同时为"0"（或非门单元）或"1"（与非门单元）；
- 当置位信号和复位信号都无效时，输出由存储在反馈回路上的逻辑值决定。

如果基本单元的两个输入信号同时无效，那么反馈回路就变成不稳定状态，且存储器在不稳定状态区域中暂时性滞留。其结果就是两个不同的电平值同时进入反馈回路，而这些值相互串扰导致回路振荡。在仿真器中，将所有门的延迟时间设为同一个值，并且在同一时刻改变输入信号，就可以看到所说的振荡现象了。在实际电路中，门延迟时间是不确定的，且输入也不可能在同一时刻同时（精确到皮秒）改变。因此，有可能看到振荡现象，但时间非常短，同样造成输出表现为"1"和"0"之间的暂时性"悬浮"。两种现象都说明了亚稳定状态，这时存储器的输出不在任何一种稳定操作状态范围内。在实际电路中，可以不必关心亚稳定态，因为即使产生了，它也会很快地结束并进入稳定状态。但是有一点很重要，就是要注意器件也有可能进入亚稳定态且永远不能消除。

在实际存储器电路中，既可以使用与非门，也可以使用或非门作为基本单元。在下面的讨论中，将使用与非门基本单元来构造电路，类似的电路也可以由或非门基本单元来构造。

9.2.3 D 锁存器

基本单元是最基本的存储器，并在特定的情况下发挥着重要的作用。但是，如果在一个基本单元上再加上两个逻辑门，就可以构造出更有用的存储器，该器件被称为 D 锁存器。D 锁存器使用基本单元作为存储部件，但只有在时序控制信号有效时才能改变（或编程）存储器中存储的逻辑值。因此，D 锁存器有两个输入——时序控制信号和数据输入。时序控制信号通常也称为"门控"信号、"时钟"信号或"锁存使能"信号，主要用于控制新数据何时可以写入存储器或不能写入存储器。从图 9.6(a)可以看出，当门控信号无效时，S 和 R 信号为"1"，输出 Q 由存储在基本单元反馈回路的值决定（所以 Q 就是存储的逻辑值）。从图 9.6(b)可以看出，当门控信号有效时，D(数据)输入将 S 和 R 驱动到各自相反的电平，从而在基本单元中强制执行了一个置位或复位操作。通过时序信号和数据输入信号的结合来强制执行基本单元的置位或复位操作，这样就构造出一个非常有用的存储器。D 锁存器在各种现代数字电路中已得到广泛的应用。

第 9 章 基本存储电路

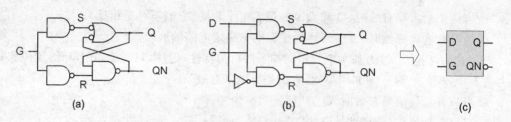

图 9.6 D 锁存器

D 锁存器的时序图如图 9.7 所示。注意，当门控信号有效时，输出 Q 只是简单的"跟随"输入。但是当门控信号无效时，输出"记住"了门控信号下降沿时的 D 值。

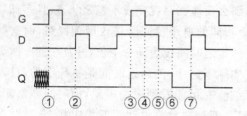

1. G 有效前，Q 未定义；G 有效时，Q 取 D 的值
2. G 无效而 D 有效，Q 不变
3. D 和 G 都有效，Q 取 D 的值
4. G 无效，Q 存储 D 的值
5. D 无效而 G 也无效，Q 不变
6. G 有效则 Q 取 D 的值
7. 当 G 有效时，Q 跟随 D

图 9.7 D 锁存器的时序图

9.2.4 D 触发器

所有可实际使用的存储器至少有两个输入，其中一个是需要存储的数据输入，另一个是时序控制输入。时序控制输入用来定义数据信号存储的确切时间。如图 9.8 所示，存储器当前的输出称为"现态"，而输入称为"次态"。这是因为输入定义了下一个时序控制信号有效时存储的值。在 D 锁存器中，只要时序控制信号有效，那么现态和次态是完全相同的。而 D 触发器在本质上修改了 D 锁存器这一功能，即次态（D 输入）只能在时序信号的边沿（信号转换时）上才能被写入到存储器中。

D 触发器（DFF）是最基本的存储器件。DFF 一般有 3 个输入：决定次态的数据输入，告诉触发器何时"存储"输入数据的时序控制输入，以及使存储器复位到"0"而不考虑其他两个输入的复位输入（图 9.9）。DFF 中的"D"取自数据输入（data input）英文首字母，因此，触发器也

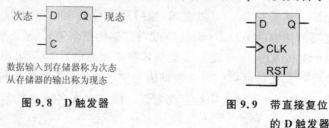

图 9.8 D 触发器

图 9.9 带直接复位的 D 触发器

可称为数据触发器。时序控制输入称为"时钟",用于控制新数据何时可以写入存储器或何时不可以写入存储器。时钟信号最典型的是一定频率的方波信号。只要有一个有效时钟沿到来,DFF 便记录(寄存)下新的数据——有效边沿既可以是上升沿,也可以是下降沿。上升沿触发(RET)的 DFF 符号使用一个小三角来表示该触发器是边沿触发的;下降沿触发(FET)的 DFF 符号也用一个小三角表示,但在触发器方框的外面,小三角的旁边加一个小圆圈(类似于那些低电平有效输入的符号)。图 9.10 给出的时序图表明了 RET 的 DFF 行为特性。注意,输出 Q 只在时钟有效边沿上改变,且复位信号可以强制输出为"0",而与其他两个输入信号无关。

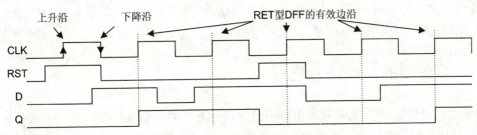

图 9.10 D 触发器时序图

由于存在基本单元,D 触发器和 D 锁存器在其数据输入和控制输入同时变化时,都有可能进入亚稳态。在 D 锁存器中,当控制信号无效时,数据必须是稳定的;在 D 触发器中,当时钟沿出现时,该时钟沿之前或之后很短时间内,数据输入必须是稳定的。如果在时钟沿上的输入数据不稳定,那么一个亚稳态就有可能随着时钟节拍进入存储器单元中。如果这种情况发生,存储器单元可能不能立即进入到低电平或高电平状态,也许会振荡一段时间。因此,当使用边沿触发器设计电路时,一定要保证在时钟沿到来前后的一段时间内(即建立时间和保持时间),输入数据是稳定的。建立时间和保持时间在几十皮秒(对于单片集成 IC 设计)到几纳秒(对于分立的逻辑芯片设计)之间不等(图 9.11)。

图 9.12 是基本 D 触发器的原理图。在不同的参考文献中,各原理图会稍有不同,但只要是 DFF,其行为特性就一定相同。

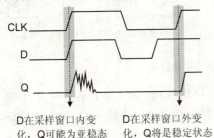

图 9.11 D 触发器的建立与保持时间

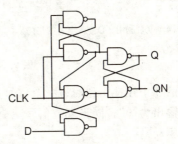

图 9.12 基本触发器电路原理图

9.2.5 存储器复位信号

当存储器最初上电时,是无法预测到内部反馈回路中初始值是"0"态、"1"态还是亚稳态的。因此,通常加一个输入信号来迫使反馈回路为"1"态或"0"态,即所谓的"复位"或"预置位"(图9.13)。这些信号独立于 CLK 或 D 输入,也独立于所有其他输入信号,并驱动存储值为"0"或"1"。这些信号对存储器上电后的初始化非常有用,也可以在任何时刻,不论 CLK 和 D 信号的状态如何,使用它们来强制使输出为低电平或高电平。

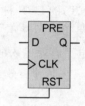

图 9.13 带预置位的 D 触发器

9.2.6 存储器的其他输入信号

除了复位和预置位信号,存储器电路中通常还有另外两个输入信号。第一个是时钟使能信号(CE),用于确定存储器是否响应时钟信号。在很多应用场合,时钟使能信号能够很方便地暂时性禁止时钟对存储器的作用。只要将时钟信号与使能信号通过一个与门就可以了。但由于某些原因,应该避免这样的设计,尤其是使用 FPGA 的时候(事实上,许多现代 CAD 工具都不允许使用逻辑输出来驱动时钟输入)。虽然大多数不能使用"选通时钟"原因的讨论已经超出本章范围,但有一个原因是由于时钟选通与门的输出会产生毛刺,从而使得不需要的时钟脉冲"泄露"而过。只有避免可能的毛刺,才能使用 CE 输入信号来禁止时钟,如图 9.14 所示。

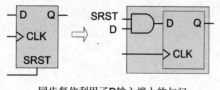
同步复位利用了D输入端上的与门

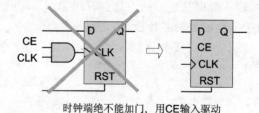
时钟端绝不能加门,用CE输入驱动

图 9.14 存储器的其他信号

在存储器中经常用到的另一个信号是同步复位信号,该信号能够在下一个时钟上升沿驱动存储器输出为"0"。同步复位信号只驱动存储器内与门的一个输入端(另外一个输入端由 D 输入数据驱动)。

9.2.7 其他类型触发器

DFF 是最简单也是最有用的边沿触发存储器。它的输出取决于数据输入和时钟输入——在有效时钟沿,它的输出是由数据输入决定的。DFF 可以在许多需要触发器的场合中使用。近几年,又开发出了其他触发器(图 9.15),行为特性与 DFF 相似,但又不完全相同。比较常用的是 JK 触发器,使用两个输入来控制状态的变化(J 输入对输出置位,K 输入对输出复位;如果两个都有效,输出会在"1"和"0"之间翻转)。还有一种常用的触发器,称为 T 触发器,只要 T 输入有效,每一个时钟有效边沿到来时,其输出都会在"1"和"0"之间翻转。这些器件主要用在较早的数字系统中(尤其是分立的 7400 系列数字 IC 中),但现代设计中很少应用。JK-FF 和 T-FF 都容易用 DFF 来构造,或根据基本原理用基本单元实现。在现代数字设计中,尤其是用于 FPGA 或其他复杂逻辑芯片的设计时,以往的这些类型的触发器没有任何优势,后面将不再讨论它们。

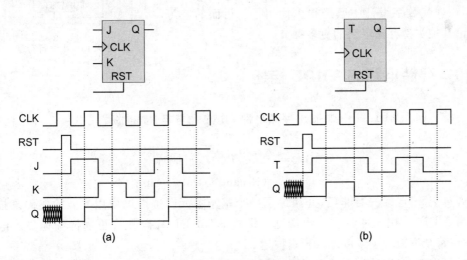

图 9.15 其他类型触发器

9.2.8 寄存器

寄存器是一组单个或多个 DFF,它们共享时钟和复位信号,每一个触发器都有独立的输入和输出。如果需要同时存储整个总线上的内容,就需要使用寄存器。常用寄存器的空间大小包括 1 位(实际就是一个触发器)、2 位、4 位、8 位(图 9.16)和 16 位。与触发器一样,寄存器也有预置数字信号、时钟使能信号或同步复位信号。

9.2.9　其他类型存储器电路

在现代数字电路中,也有许多其他拓扑类型的存储器电路。例如,计算机存储阵列中的动态存储电路,使用小电容来存储数字信号电平。快速 SRAM(像用在计算机中的高速缓存结构)使用交叉-连接的反向器来组成一个双稳态单元。交叉-连接的反向器是一个非常小的 RAM 单元,但是只能用强制写入缓冲的方式通过"过驱动"反馈电阻的输出来编辑该单元。非易失性存储器(如计算机中的 FLASH BIOS ROM)使用浮动门电路来永久性存储位信息。总之,这些"其他类型"存储电路组成了目前使用的大量存储器件。这里讨论的基本单元和触发器电路主要是让读者理解其概念,在现代数字设计中已经很少使用了。后面的练习将会讨论其他类型存储电路的更多细节。

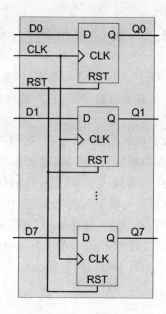

图 9.16　8 位寄存器

9.2.10　存储电路的 VHDL 描述

基于结构的 VHDL 可用来描述存储电路,其方式与描述"前馈"式电路一样。例如,表达式

$$Q<=(S \text{ nand } QN) \text{ after } 1ns;$$
$$QN<=(R \text{ nand } Q) \text{ after } 1ns;$$

描述了一对交叉-连接的与非门,并组成了一个基本单元。也可以使用类似的代码来描述 D 锁存器或者 DFF。用这种方式写出的基于结构的 VHDL 代码允许更加详细地描述电路模型,因为在每个逻辑门中可以加入延迟描述。

基于行为的 VHDL 也可以通过进程语句来描述触发器、锁存器以及其他类型的存储电路。进程语句是最基本的 VHDL 语句,并且到目前为止它是我们所见的所有信号赋值语句的"幕后"基础。

9.2.11　VHDL 中的进程语句

赋值语句(如上所示)可被直接映射成物理电路,且它们的仿真需求也是很直观的——只要赋值操作符右边的信号改变其状态,那么仿真器就会计算该逻辑表达式的值并决定是否驱动输出,使之得到一个新的电平值。在仿真器计算表达式的值的过程中,并不需要物理时间

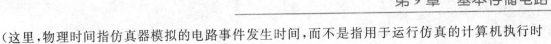

（这里，物理时间指仿真器模拟的电路事件发生时间，而不是指用于运行仿真的计算机执行时间）。

进程语句可以描述比简单的单个信号赋值语句更一般的电路，它含有一个"begin-end"块，块中可用多条 VHDL 语句来描述更复杂的行为。在它的敏感表中还含一个信号列表，只有在表中所列信号之一改变状态时，进程才会被仿真。而赋值语句只有在赋值运算符右边的信号之一改变状态时才被仿真，因此它是"隐式"进程。而进程语句是显式的，因为它列出了所有的敏感信号并为描述更复杂的电路提供了一定的空间。

所有 VHDL 的信号赋值语句都是并行语句，这意味着它们不会按指定的顺序执行，而是只要赋值运算符右边的信号改变状态时就执行。并发执行就意味着在赋值语句被仿真时，不需要经过物理时间。由于在仿真器中物理时间只是一个存储在某个变量计数器中的值，因此，任何数量的赋值语句可以被同时仿真而不改变时间计数器的值，这得到的效果是允许某个或全部赋值语句在同一物理时间完成仿真计算，这就是并发的概念（当然，计算机需要一定量的执行时间，但这与仿真器中模拟的物理时间没关系）。进程语句也是并行语句，"begin-end"块中的所有语句都是零执行时间——就是说，不需要改变时间变量的值。

但是在进程语句的"begin-end"块里，语句是顺序执行的。进程语句内部的语句按书写的顺序执行，要按顺序写入，并且随时间发生的事件能检测到。由于进程内部的语句受顺序和时间的限制，这样就可以构造 if-then-else 结构，它是描述存储器行为的关键：if 时钟跃变到高电平，then 存储一个新的数值。If-then-else 语句也可以用来描述其他的电路行为，但事实上只在存储电路行为描述时才需要使用该语句。

在基于行为的 VHDL 描述中，一个 if-then-else 语句必须用在进程语句内部以描述触发器或锁存器。事实上，当用于描述综合的电路时，不能因为其他理由使用进程语句（尽管许多工程师喜欢使用进程语句来使某些代码更加方便和更具可读性）。描述存储电路的关键是描述好 if-then-else 关系："if 时钟从低电平转换到高电平，then 根据输入改变其输出"。如果时钟信号从高到低或输入信号改变，这里没有告知应该如何驱动输出信号。所以，在特定输入情况下如果没有产生输出信号的信息，VHDL 分析器会认为该描述有隐含的请求，即保持输出为当前状态，而不管输入信号的改变（如输入或时钟信号由高到低），而这正是存储器的描述。

在仿真运行过程中，VHDL 仿真器会存储设计中所有信号的值，所以在任意给定的物理时间上，它可以检查哪些信号在改变。任何时刻只要有信号改变，就会有"信号事件"发生，且该事件会被仿真器作为信号的一项属性保存起来。在 VHDL 代码中，可以在 if-then-else 语句中通过检查信号属性来确定时钟信号状态是否已经改变。这样的检查就组成了触发器行为描述的基础。如上例中所示，"process"关键词后面用括号括起来的是信号敏感表。只要 sig1 或 sig2 电平改变，进程就会被执行。跟在敏感表后面的是关键词"begin"，在"begin"和"end"关键词之间的是任何合法的 VHDL 语句，这些语句被用于描述电路行为。在该例中，使用了一个嵌套的 if-then-else 语句，第二个 if 语句用关键词"elsif"开头。使用"elsif"就必须用一个

第9章 基本存储电路

"end if"来结束整个复合 if 语句。也可以用两个独立的 if 语句来描述相同的行为（也就是"else if"可以代替"elsif"），但需要两个"end if"语句。还是这个例子，如果 sig1 改变且为"1"，那么输出 Y 被驱动到"0"；如果 sig2 改变且当前为"1"，根据定义这个"1"必须是刚刚由"0"转变过来的（例如，一个上升沿出现），在这样的情况下，输出 Y 由输入信号 X 驱动。If 语句必须用"end if"来结束，进程必须用"end process"结束，在该例中是最后两行。

```
process(sig1, sig2)
  begin
if sig1 = '1' then Y <= '0';
  elsif (sig2'event and sig2 = '1')
    then Y <= X;
  end if;
end process;
```
具有属性检查的一个进程语句

下面给出了几个基于行为的 VHDL 定义 DFF 的例子。在构造触发器行为代码的时候，要注意只有两个输入信号才会导致输出改变——时钟信号与复位信号。数据输入信号本身并不能改变输出，而是时钟信号的上升沿改变输出并与 D 信号匹配。因此，只有"clk"和"rst"信号在敏感信号表中。第一个例子是一个触发器，有一个时钟使能和一个异步复位，这里复位信号可以驱动输出为"0"，而不受时钟信号和数据输入信号的影响。第二个例子是同步复位，复位信号可以驱动输出为"0"，但只有当时钟上升沿同时发生才可以。第三个例子是一个 8 位 D 寄存器。认真学习所有这些例子，做到理解并区分它们之间的差别。

```
entity DFF is
  port (D,clk,rst,ce : in STD_LOGIC;
                   Q : out STD_LOGIC);
end DFF;

architecture behavioral of DFF is
begin
  process(clk, rst)
  begin
    if rst = '1' then Q <= '0';
      elsif (CLK'event and CLK = '1')
        then if ce = '1' then Q <= D;
      end if;
    end if;
  end process;
end dff_arch;
```

具有时钟使能和异步复位的行为级 D 触发器

```vhdl
entity DFF is
  port (D, clk, rst : in STD_LOGIC;
                 Q : out STD_LOGIC);
end DFF;

architecture behavioral of DFF is
begin
  process (clk, rst)
  begin
    if (CLK'event and CLK = '1') then
      if rst = '1' then Q <= '0';
      else Q <= D;
    end if ;
  end process ;
end dff_arch;
```

同步复位的行为级 D 触发器

```vhdl
entity DFF is
  port (D : in STD_LOGIC_VECTOR(7 downto 0);
        clk : in STD_LOGIC_VECTOR(7 downto 0);
        rst : in STD_LOGIC_VECTOR(7 downto 0);
        Q : out STD_LOGIC_VECTOR (7 downto 0));
end DFF;

architecture behavioral of DFF is
begin
  process (clk,rst)
  begin
    if rst = '1' then Q <= '0';
      elsif (CLK'event and CLK = '1') then Q <= D;
    end if ;
  end process ;
end dff_arch;
```

具有异步复位的行为级 D 寄存器

第9章 基本存储电路

实验工程 9　基本存储电路

学生		预计耗用时数
我提交的是我自己完成的作业。我懂得如果为了学分提交他人的作业要受到处罚。		1　2　3　4　5　6　7　8　9　10
		1　2　3　4　5　6　7　8　9　10
		实际耗用时数
姓名 _____	学号 _____	分数量值表
		4：好
签名 _____	日期 _____	3：完整
		2：不完整
		1：小错误
		0：未交
		每迟交一周扣除总分的 20%
		得分＝评分(Pts)×权重(Wt)

实验室教师							实验室分数
序号	演示	Wt	Pts	Late	Score	实验室教师签名　日　期	
5	源代码和仿真观察	3					
6	源代码和仿真观察	3					
8	源代码和仿真观察	3					

等级					第几周提交	分数	总分＝实验室分数＋得分表分数	总　分
序号	附加题	Wt	Pts	Score				
1	源代码和加注释的仿真	3						
2	工作表	3						
3	工作表	3						
4	源代码和加注释的仿真	4						
5	源代码,仿真和工作表	4						
6	源代码和仿真	3						
7	源代码和仿真	3						
8	源代码和仿真	3						
9	源代码和仿真	3						

问题 9.1　使用 Xilinx 工具,利用结构化的 VHDL 设计方法设计一个 NAND 基本单元。给 NAND 门都加 1 ns 的延时(上升沿和下降沿的跳变)。正确地标识出输入 S 和 R、输出 Q 和 QN。设计一个 VHDL 的测试文件仿真该电路,按照如下要求来驱动输入。打印输出的仿真波形,并用笔注明以下列出的输出特性。提交源代码文件和注释的输出时序图。

在仿真开始时,让两个输入都无效。在 100 ns 处,S 有效;在 200 ns 处,S 无效。在 300 ns 处,R 有效;在 400 ns 处,R 无效。在 500 ns 处,使两个输入都有效;在 600 ns 处,使得输入都无效。在 700 ns 处,使两个输入都有效。

(1) 一个未定义的输出;
(2) 一系列操作;
(3) 复位操作;
(4) 存储器存储"0";
(5) 存储器存储"1";
(6) 输出 Q 和 QN 都被驱动为相同值;
(7) 亚稳态。

问题 9.2 使用 NOR 基本单元,重复问题 9.1 中的工作。在仿真开始的时候,这些基本单元的输出为何没有定义?

完成下面表格的填写,将正确的字母填写在相应的输出列中:A 表示置位操作,B 表示复位操作,C 表示不定输出(两个输出端的输出相同),D 表示在存储器中存储一个数,E 表示亚稳态。

Set	Reset	NAND 输出	NOR 输出
1→0	1→1		
1→1	1→0		
1→1	1→1		
1→0	1→0		
0→1	0→1		
0→0	0→0		
0→0	0→1		
0→1	0→0		

问题 9.3 对 NAND 基本单元的测试激励进行修改:在 600 ns 处,S 无效;601 ns 处,R 无效。重新仿真,对输出改变的地方进行注释,说明原因。

问题 9.4 从 NAND 基本单元开始,设计一个新的 D 锁存器文件,确保 NAND 单元有一个 1 ns 的门延时。设计一个 VHDL 测试激励文件并进行仿真运行。为了验证电路的全部功能,要保证有各种输入组合。针对仿真过程中的某些时刻,举例说明 D 锁存器的透明性(也就

第 9 章 基本存储电路

是说,当门的输入为高,而 D 输入从 L-H-L 或 H-L-H 变化时,说明电路的行为)和亚稳态。在仿真波形的打印输出上标出下列输出行为:未定义的输出,透明性,存储"1",存储"0",亚稳态。提交源代码和加注释的时序图。

问题 9.5 设计一个 RET DFF 基于行为的源文件。输入命名为 D 和 CLK,输出为 Q。设计一个使 CLK 和 D 驱动适当的 VHDL 测试激励文件,并对该 D 触发器进行仿真。Q 输出了什么,为什么?

添加一个异步复位,并在仿真开始时使复位信号有效;经过很短的一段时间后,使它无效。重新仿真,并证实所设计的触发器有合适的动作。

修改仿真测试激励文件,试着形成一个亚稳态。你能使它处于亚稳态吗?打印并提交源文件和显示触发器正确动作以及你试图得到亚稳态的仿真文件。让实验室老师检查你的工作。

问题 9.6 设计一个具有时钟使能和预置位的 FET DFF 的源文件。对触发器进行仿真,显示所有相关的操作状态。让实验室老师检查你的工作,打印并提交源文件和仿真输出。

问题 9.7 设计一个具有同步复位(SRST)和异步复位(ARST)的 8 位 D 寄存器源文件。对寄存器进行仿真,显示所有相关的工作状态。诚实提交你的源代码和仿真文件。

问题 9.8 设计一个 T 触发器的源文件。在仿真中显示出所有相关的工作状态,并让实验室老师检查你的工作。提交源代码和仿真文件。

问题 9.9 设计一个 JK 触发器的源文件。在仿真中显示所有相关的工作状态,并提交源代码和仿真文件。

第 10 章 时序电路的结构化设计

10.1 概述

本章介绍时序电路设计的一些基本概念。时序电路使用存储器来保存有关过去的输入信息，这些信息对未来的输出产生影响。尽管在数字电路中组合逻辑电路占主导地位，但时序电路也大量应用于各种设备中——时至今日，这样的设备已超过千亿台。

10.2 背景介绍

10.2.1 时序电路的特征

许多问题都需要检测或产生一系列的事件。例如，电梯门的电子号码锁控制器，当一系列的数字键被按下时它必须对其进行检测，电梯控制器需要产生关门、移动电梯和开门的一系列信号。在这种情况下，电路只有在当前动作已知的情况下才能进入下一个动作（或下一个状态）。例如，号码锁在某一时刻被按下"2"时，无论它是否发出开锁时序，只要电梯门没关，电梯都不会移动。按照指定的事件序列运行的电路称为"状态机"或"时序电路"。状态机需要存储器来保存过去的行为信息并帮助确定下一个动作。时序电路的输出不仅与当前的输入有关，还与过去的输入有关——而在组合电路中，其输出完全由当前的输入决定。

大多数含有存储器的电路都为运算部分提供数据存储的功能。例如，计算机的 RAM，微处理器中的寄存器和寄存器文件、缓存、累加器、状态指示器等。这些存储电路可以使用触发器、锁存器或 RAM 单元（由实际应用需要决定），且在处理器中只用来存储数据。时序电路中使用的存储器不存储数据，而是用来存储电路的操作状态。时序电路的状态由所有存储单元的状态确定,状态机中各存储器保存的值就是状态变量。状态变量只能取"0"和"1",所以有 N 个状态变量的电路其状态就一定会是 2^N 个状态中的一个,且每个状态都由唯一的 N 位二进制数来表示。给定的状态机的存储器组合在一起就是状态寄存器。

前面的实验中讨论了基本存储器,包括基本单元、D 锁存器和 DFF。只要用其中任何一种存储器(或其他存储器件)就可构造出状态寄存器,而用包含这些特定性能的存储器可以很容易地设计出时序电路。这些特定性能有:能够驱动稳定的操作状态("0"或"1");产生用于指定新数据何时可以写入的最小采样窗口的时序信号;直接对存储器编程的数据输入信号;无论输入数据信号和时钟信号是何种状态,直接驱动输出为"0"的复位信号。DFF 几乎包含了以上所有的特性,所以在实际的时序电路中基本上都使用 DFF。事实上,DFF 可以用来构造任何时序电路,且使用它们可以构造出最小、最简单的时序电路。

时序电路一般都采用如图 10.1 所示的模型。状态寄存器直接由外部时钟和复位信号控制。状态寄存器的数据输入来自"次态(next state)"逻辑块——它是状态寄存器的输出与电路输入的组合——而状态变量的这一反馈行为正是时序电路可以实现给定事件序列的根本原因。没有这一反馈,那么未来的状态寄存器的状态就无法根据过去的事件来改变,因此有序序列不能被实现。状态寄存器的输出称为"现态(present state)",而状态寄存器的输入称为"次态"。在时钟沿到来时,次态将被写入状态寄存器中成为现态。

与次态逻辑电路类似,输出逻辑电路只含组合器件。在图 10.1 中,给出了最常用的状态机模型,电路的输入前馈到输出逻辑块中,并和状态变量一起共同决定整个电路的输出。这种常用模型也称为 Mealy 模型;在更为简单的 Moore 模型中,只有状态变量驱动输出逻辑块,没有前馈式输入信号(即图中输入直接到输出逻辑的连线不存在)。在一些简单的状态机中,如计数器和其他基本时序发生器,甚至没有输出逻辑块。在这些简单状态机中,状态寄存器的输出就作为整个电路的输出。

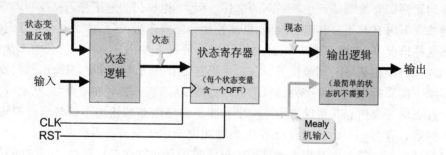

图 10.1 状态机模型

如图 10.2 所示的时序图,描述的是一个假想的状态机的行为(是什么样的状态机在这里并不重要,这里只检查它的时序)。注意,每个时钟上升沿都会引起一个状态改变,随时钟节拍,"次态"会被写入状态寄存器的触发器中并转换为"现态"。状态寄存器中的内容都唯一地确定一个状态,称为"状态码"。该例中有 3 个状态变量,所以可能存在 8 个不同的状态。状态机根据输入 I_0 和 I_1 以及当前状态码来确定状态 0 到状态 1、3、2、2、6 和 4 的转移。注意,输出 Y_0、Y_1 和 Y_2 只在时钟沿到来后才改变——这是很正常的情况,因为状态码只是在时钟沿到来后才改变,且该状态码是输出逻辑块的输入信号。

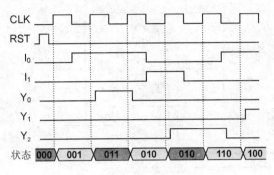

图 10.2 状态机时序图

10.2.2 时序电路设计

时序电路设计中最难的是设计的开始部分,即确定所设计的问题中哪些特性需要进行时序操作。更具体地说,哪些行为必须要用唯一的状态来表示。不恰当的状态选择、对问题的错误理解可能使设计周期加长,使设计更难甚至可能出错。但如果能够正确理解并恰当地选择状态变量,同一问题可能就显得更加简单。尽管读者能够很直观地描述时序电路结构并确定合适的工程设计方法,但要找到一种能满足最终状态机的设计需求的分析方法还是具有挑战性的。准确地说,读者可以有效地提出怎样去设计,但还是要通过实例和设计需求的指导来说明设计的是什么。所以这是最初的也是最重要的设计任务,即在问题的解空间中找出所需的唯一状态行为。本章将通过实例一步一步地表述,而且读者应当通过练习来学习这些技巧(后面会讲述一些通用的方法)。一般情况下,设计新的状态机,第一步就是确定可能需要的状态的所有行为,以及两个状态间的所有分支。然后,随着对需求问题的不断理解和对方案的不断改进,最初的设计选择需要重新考虑、检验和改进。

捕获状态机行为需求的方法之一是创建一张状态表。状态表就是一张描述次态逻辑需求的真值表,其中输入来自状态寄存器和外部电路。状态表列出了所有需要的现态,以及给定现态下的所有可能的次态。

输入信号直接控制状态转移。所以状态表必须列出引起状态转移的所有输入信号。如图 10.3 所示,它是一个状态机的扩展模型,通过举例说明如何使用状态/真值表来找出次态逻辑。在状态表中,前 4 行状态变量都是"000"。这是因为这里有两个输入,且次态必须由所有可能的输入组合来描述。从这张状态表,读者可以推出如果状态机状态为"000"且输入都为

第 10 章 时序电路的结构化设计

"0",那么次态为"001";如果状态机状态为"000"且输入为"0"和"1",那么次态为"011",其余依次类推。

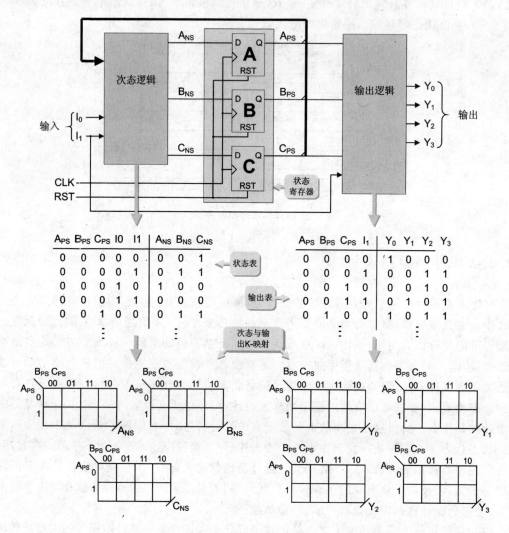

图 10.3 状态机设计过程

输出真值表说明了状态变量和 Mealy 型输入信号是怎样组合产生输出信号的。在这个例子中,输出逻辑电路只使用了两个输入中的一个(I_1)。将状态表和输出表结合起来就可以组成一张真值表(也称为状态表)来描述所有的组合逻辑需求(包括次态和输出需求)。

对于 N 个状态变量,如果考虑每一个状态变量,次态真值表最多需要 N 列输入;同样对 M 个输入信号,最多需要有 M 列输入。但既不要求列出所有可能的状态也不要求列出所有可能的输入组合,因此,次态真值表不需要有全部的 $2^{(N+M)}$ 行出现。该真值表中需要的行数取决于给定时序电路中 2^N 种可能存在的状态,以及每种状态下用到的那种输入(再强调一次,选择状态及其分支条件是一项有难度的工程挑战,在本章和后续实验中的例子,将会帮助读者理解这一过程)。真值表中的每一行,都要根据次态的要求给次态输出赋值。假设状态寄存器中使用的是 DFF,那么输出列中的"1"将会引起相应的 DFF 在下一个时钟沿到来时变为"1"。

尽管真值表(状态表)经常用来描述次态和输出逻辑,但它们也有非常严重的缺陷:很难显示电路行为的时序特性。有一种更好的方法可以用来描述次态和输出逻辑,其重要优势在于,它不仅描述了逻辑需求,还清楚地描述了电路的时序与算法行为。

10.2.3 使用状态图来设计时序电路

状态图中用圆圈表示状态,圆圈之间的有向连线表示状态间的转移。表示状态的圆圈中写入了被称为"状态码"的二进制数,表明当状态机处于该状态时状态寄存器中所存储的值。从一个状态指向另一个状态的有向连线表示可进行的状态转移,转移所需的输入变量就写在有向连线的旁边,表明转移只发生在输入条件满足的情况下。每来一个时钟沿,都会发生状态转移(也称为分支)。因此,当时钟沿到来时,都会从现态转为次态。一般来说,如果某种特定的输入情况发生,状态机保持在当前状态——这一停留情况用一个有向连线从该状态离开然后再指向该状态来表示。如图 10.4 所示为部分状态图,其中状态寄存器有 3 个触发器:如果状态寄存器存储"000",那

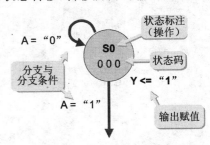

图 10.4 部分状态图

么在下一个时钟沿到来时,如果 A 为"0",状态不变;如果 A 为"1",那么状态就要发生改变。如图 10.4 所示的例子,为了检查和赋逻辑值,使用了 VHDL 的句法。许多教科书都使用简单方便的逻辑表达式符号。

当用状态图作为概念化的工具来解决问题时,一般都要反复绘制草图并进行修改。圆圈表示可能的状态,根据问题需求用连线将它们连起来,然后随着设计者对问题的理解和方案的制定越来越清楚,需要不停地重画和重新连接这些状态圈。一旦画出的状态图满足设计描述需要,就可以根据状态图用自动化程度很高的程序来创建电路。

状态与状态间的转移发生在状态寄存器得到新的次态值的时候。由于状态寄存器的值只在时钟沿到来的一刻被写入,状态转移也只在那一刻发生,因此,状态机中隐含了时钟信号,但在状态图中一般不画出时钟信号。同样,状态图中也不画 RST(复位)和 PRE(预置位)信号;但可以这样表示,当"复位"信号有效时,可以用箭头指向该状态机的初始状态。如果复位状态上是"0",那么就表示相应的状态寄存器 DFF 的 RST 输入信号连接到了复位信号上;如果是

"1",那么就表示 PRE 输入信号连接到了复位信号上。因此,状态图中不画出 RST 和 PRE 信号——当初始化状态确定时,就隐含了它们的存在。只有次态或输出逻辑电路需要的信号才画在状态图中。

图 10.5 是一个简单状态图。该状态机从标有 X,Y 和 Z 的 3 个按钮接收输入信息,并用来确定两个信号"RED"和"GRN":当且仅当检测到 3 个按钮按 X-Z-Y 的顺序按下时,那么状态就是"RED";如果是其他任何顺序按下时,那么状态就为"GRN"。这个"早期"的状态图中没有状态变量或状态名称。读者可以反复使用上面提到的方法来设计状态图——随着问题描述越来越清楚,就可以根据需要来增加和修改状态与分支条件了,直到画出完整的状态图。

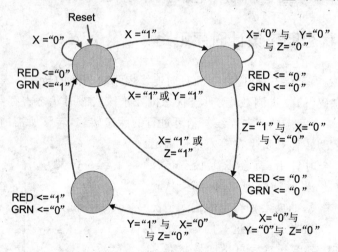

图 10.5 简单状态图

注意,对于各个状态,分支条件都要考虑到所有可能的输入组合,不能出现不确定的分支条件。如果在状态图中有某一输入没有说明清楚,或是分支条件表示不止一种次态,就会产生不可预测的状态。图 10.6 中几个局部状态图说明了这几点——左图中,如果 A 和 B 都为"1"或 C="0",那么分支要到哪个次态就不明确了。明白无误表示可能的次态是非常重要的,许多教材都规定了两个规则:"和规则",即离开给定状态的所有输入的或运算必须为逻辑"1";"互斥规则",即任一输入组合只能指向一个次态。

在图 10.6 中,逻辑图说明了一个确保遵守"和规则"和"互斥规则"的简单方法(这些图很像 K 图,但不是 K 图)。需要用图来从每个状态中分析出分支条件,输入变量的数量决定了该图的大小(输入变量作为逻辑图的坐标变量)。图中的每个单元给出了由坐标变量表示的输入的唯一组合,单元中的条目表明由坐标变量表示的分支条件下的次态。这些信息可以转换到逻辑图中并用来表示给定状态下所有分支的次态。图中每个单元有且只能有一个条目——空单元说明其违反了"和规则",单元中不止一个条目就说明其违反了"互斥规则"。图 10.6 中左边的框图说明其既违反"和规则",也违反"互斥规则",所以该状态图在进一步设计前先要作修

第10章 时序电路的结构化设计

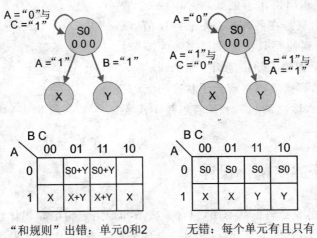

图10.6 "和规则"与"互斥规则"检验

改。在该例中,一种解决方案是消除所有的"未知"和冗余的项。注意,消除这些无关项会改变分支条件——这就需要设计者选择新的分支条件并满足设计需求描述。一般情况下,当绘制出状态图后,并在具体实施下一步设计工作前,最好是先保证设计遵守"和规则"以及"互斥规则"。

当状态确定后,要在其附近确定输出信号的名称。如果输出在连续的状态下都有效,那么就应该在连续的状态旁边显示输出。一种画状态图的方法就是将输出名称放在使其确定的状态旁边。还有一种更好的方法,就是在每个状态下都显示输出是"1"还是"0"——这一方法避免了可能出现的混淆。

一旦问题的时序行为随状态图获得后,就可以给每个状态分配状态码。状态码表示当状态机处于该状态时寄存器中实际保存的内容。对于一个有 N 个状态的状态图,至少需要 $\log_2 N$ 个状态变量来保证每个状态都可由唯一的数码表示。如图10.5所示的例子,状态图中有4个状态,所以需要 $\log_2 4 = 2$ 个状态变量。当然,也可以使用超过所要求的状态变量,但一般情况下,都只用所需的最少状态变量,因为使用更多的状态变量会产生出更大、更复杂的电路。任何一个状态码可以赋值给任何一个状态,但在实际中通常根据一定的规则来完成状态码的赋值。

一般情况下,可以选择状态码来简化次态中需要的逻辑与输出逻辑电路,或用来消除时序电路输出的时序问题。规则之一是减少状态转移中改变状态的触发器数量。理想的情况是状态图中任何状态转移只有一个触发器改变其状态(只有一个状态变量改变的状态转移称为"单位距离编码")。通常不可能有解决方案使所有转移都是单位距离编码,但是可以通过选择状态码来产生出有大量单位距离码表示的状态。规则之二是无论什么情况下都要使状态寄存器的位数满足输出需求。例如，在带有一个输出的四状态机中，而输出只是在两种状态下必须赋值，该状态机有可能分配状态码使得只在触发器之一为"1"时给输出赋值，这样也完全省略了输出逻辑。由图10.7所示的两个单位距离编码，都将输出对应到了状态码上（只要2号触发器为"1"，那么输出为"1"，意味着这里不需要输出逻辑）。

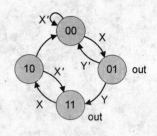

图 10.7　状态码分配

10.2.4　时序电路的结构化设计

拥有状态码及完整分支条件的状态图,包含了次态和输出逻辑电路优化设计所需要的所有信息。事实上,状态图包含的信息与状态表(或是次态真值表)包含的信息完全相同,但状态图的好处是可看到时序。通过以下几个简单的规则,状态图中的信息就可以直接转化为 K 图,这样就可以找出最简次态逻辑电路。

图 10.8 中使用与前面类似的一个状态图来说明这一过程(但在该状态图中,GRN 输出是 Mealy 型输出,包括 X 和 Y 输入以及状态码——见状态"01"和"11")。

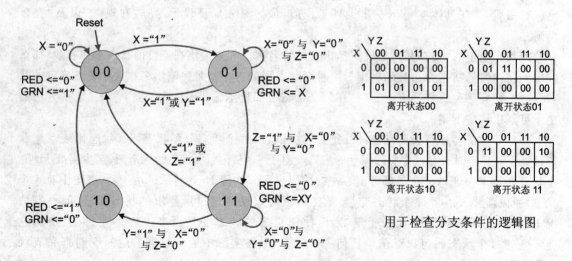

图 10.8　用逻辑图检查分支条件

第一步,要检查所有的分支条件以保证没有违反"和规则"以及"互斥规则"(使用状态图来检查分支条件)。分配状态码,使所有的状态转移中只有最少的位发生改变。在本例中,是不可能对所有的转移都使用单位距离编码的,也不可能将输出对应到状态码上。图中的状态码是以转移含有最多的单位距离编码为结果的。

第二步，将状态图中的信息转换到 K 图中，使之可以描述逻辑电路。

本例中，两个状态变量和两个输出需要 4 个 K 图，一边与各次态电路对应，一边与各输出相对应。次态电路会驱动状态变量触发器的 D 输入（数据输入），同时输出电路会根据状态变量和输入来产生输出。在 4 个 K 图中，状态变量作为索引变量。在次态图中，分支条件输入看成是加入的变量。因此，次态图中的环形圈就可以用状态码（坐标变量）和输入（加入变量）来表示。对于输出 K 图，单元内的"1"或"0"表示在该状态下，输出是否有效。对于 Mealy 输出，驱动输出的输入要放在图中并作为加入变量。下面的规则详细描述了构造 K 图的过程。

(1) 为每个状态变量和每个输出绘制一张 K 图。状态变量是 K 图的索引变量（所以 K 图的大小由状态变量的数量决定）。由于状态变量是作为 K 图的索引变量，所以 K 图每个单元都对应一个现态。

(2) 对于次态 K 图，只有在分支通向次态，这里该次态相应的状态 DFF 是"1"，那么就将当前状态的分支条件加入到相应的 K 图单元中。

(3) 对于 Moore 型 K 图，在输出有效的 K 图单元中加入"1"；对于 Mealy 型 K 图，在无条件输出的 K 图单元中加入"1"，或是在每个输出有效的 K 图单元中加入条件输出的变量（或表达式）。

这一过程应用于如图 10.8 所示的状态图，构造的 K 图如图 10.9 所示。

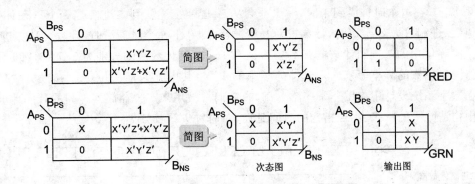

图 10.9　构造 K 图

第三步，也是最后一步，就是根据从 K 图中获得的方程来创建电路。该电路的框图如图 10.10 所示——可以看出这是 Mealy 型原理图。只要遵循本章所讨论的方法并经过充分的练习，读者就可以设计出不同类型的状态机。

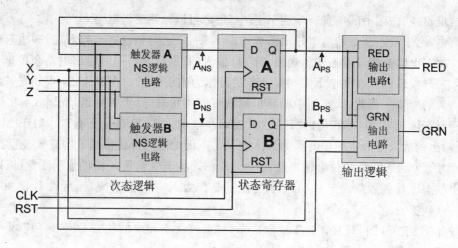

图 10.10 状态机原理图

10.2.5 二进制计数器

二进制计数器是一个简单的状态机,其输出是 n 位二进制数的重复序列,范围是 0 到 2^n-1 (图 10.11)。在每个时钟沿到来时,输出都会从二进制数 X 变到二进制数 X+1;在计数值到最大值(二进制数为 2^n-1)时,计数重新开始循环,即在下一个时钟沿时,计数又从二进制数 0 开始。实际使用的二进制计数器有 4 位,8 位和 16 位,其计数范围分别为 0 到 16,256 和 64K。计数器输出位数的频率等于输入时钟的频率的 $1/2^n$,其中 n 为输出位(最小的值为"1")。计数器在数字系统设计中应用非常广泛。例如,它们常被用来产生存储器阵列的顺序地址、在状态机中构造唯一的状态、实现指定的时间延迟、对时钟进行分频等。

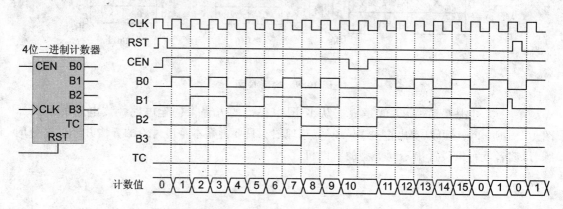

图 10.11 4 位二进制计数器时序图

第 10 章 时序电路的结构化设计

计数器设计中通常都包括一个计数使能输入信号(CEN),这样在某些特定情况下,可使计数暂停。当 CEN 有效时,计数器会在时钟沿到达时不断递增;而当 CEN 无效时,计数器输出不变。计数器设计时也通常带有"终止计数(TC)"输出信号。该信号将所有计数器位相与。这意味着,只有当计数器所有位都为 1 时,TC 有效。注意,当计数器所有位都为"1"时,计数器的次态是所有位都为"0"。因此,该信号就被称为终止计数——当它有效时,就表示计数器计数值已经达到了最大值。如图 10.11 所示的时序图中包含了 CEN 和 TC 信号。

通过使用 TC 输出和 CEN 输入信号,可以将小型计数器连接在一起组成大型的计数器。当第一个,或者处于最低位的,或者计数最快的计数器达到其计数范围最大值时,该计数器 TC 有效。如果将 TC 连接到下一个计数器的 CEN 端,那么当第一个计数器达到最大值时,下一个计数器就开始计数,如图 10.12 所示。

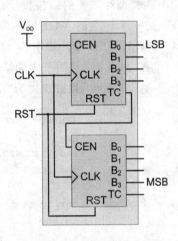

所有状态机中,计数器有点独特:它的状态变量本身就是电路输出,使用了所有的状态码,所有次态的状态码都是现态的状态码+1。一个 4 位二进制计数器的状态图如图 10.13 所示。当状态转移发生时,CEN 输入信号必须是有效的。如果 DFF 使用了时钟使能输入信号,那么 CEN 输入信号可以连接到所有 DFF 的时钟使能端上。在这种情况下,就与 CLK 和 RST 信号一样,状态图中不画出 CEN 信号,且 CEN 信号也不成为次态逻辑的一部分(CEN 是直接连接到触发器上的)。

图 10.12 多位计数器电路

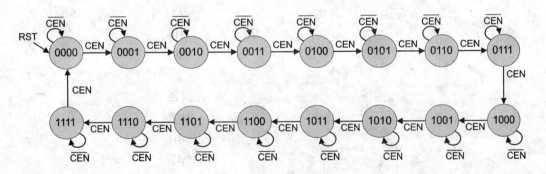

图 10.13 4 位二进制计数器的状态图

10.2.6 用 VHDL 描述二进制计数器

计数器电路能够用结构化和行为的 VHDL 实现。在结构化的计数器设计中，先将需要的触发器数例化为元件，然后定义次态逻辑电路来驱动各个触发器的 D 输入。与基于行为的 VHDL 设计相比，这种设计方法非常冗长乏味，但却能形成更好的仿真模型。后面将更深入地讨论不同类型计数器的结构设计。

在任何一个标准的 VHDL 环境中，基于行为描述的计数器都充分利用了 IEEE STD_LOGIC_UNSIGNED 库。使用 SLU 库，所有的 STD_LOGIC 数据类型都可以使用标准算术操作符（如图 10.14 所示例子中的第 4 行），从而使计数器设计相当简单。注意，计数器的输出是一个名为 B 的矢量，且被定义为"inout"类型，使得在赋值操作符两边都可以使用该矢量。

```vhdl
library IEEE;
use IEEE.STD_LOGIC_1164.all;
use IEEE.STD_LOGIC_ARITH.all;
use IEEE.STD_LOGIC_UNSIGNED.all;

entity counter is
    Port ( clk : in STD_LOGIC;
           rst:in STD_LOGIC;
           B: inout STD_LOGIC_VECTOR (3 downto 0));
end counter;

architecture Behavioral of counter is

begin

process (clk, rst)
  begin
  if rst = '1' then B <= "0000";
    elsif (clk'event and clk='1') then
       B <= B + 1;
    end if;
  end process;
end Behavioral;
```

图 10.14 4 位二进制计数器的 VHDL 行为描述代码

"时钟分频器"是计数器的最常应用之一。在这一应用中，有一个更高频率的时钟信号来驱动计数器的时钟输入端，而该计数器的输出可以提供较低频率的信号，其频率为输入频率的

$1/2^n$,其中,n是计数器输出位(假定最低位是1)。因此,计数器的最低位输出的频率是输入频率的1/2,第2位是输入频率的1/4,第3位是1/8,依次类推。在许多技术方案中,触发器的输出(如计数器的输出位)可以直接连接到其他触发器的时钟输入端。

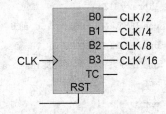

图10.15 简单时钟分频器

简单的分频器(图10.15)可以很好地对输入频率进行二次幂分频。为了使分频器输出频率是输入频率的任一整数分频,就需要用比较器来对计数值和分频倍数进行比较。如果要得到输入时钟频率的$1/N$,那么就要使用一个$N/2$倍的分频器来驱动比较器的一端(另一端由计数器驱动)。比较器的输出可以作为计数器的同步复位信号来重启计数器,即从"0"开始计数(同步复位信号的频率是要求频率的两倍),且该输出也作为触发器的时钟使能信号。触发器的输出通过一个非门反馈到其输入端(如图10.16中的CLKoutA所示)。该触发器的输出就会产生要求的频率,且占空比为50%(占空比就是信号高电平"1"所占用的时间;50%的占空比就表示信号为高电平"1"占一半时间,信号为低电平"0"占一半时间)。注意,如果不要求占空比为50%,那么可以使用更简单的电路来得到$1/N$的时钟频率(在很多应用中,占空比并不重要)。计数器的复位电路更简单,当其计数达到N时(而不再是上面所说的$N/2$),使用计数器的最高位作为输出时钟。该输出信号频率就是要求得到的频率,但是其占空比不是50%。

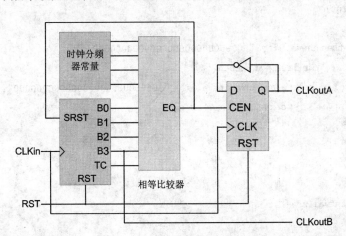

图10.16 任意整数分频的时钟分频器

下面是基于行为描述的时钟分频器的VHDL代码,将50 MHz的时钟分频为1 Hz的时钟。注意,这段代码中使用了一个常量来定义分频系数;可以通过改变该常量来设置不同的分频倍数。也要注意,计数器的最高位(MSB)就是时钟输出CLKout,也就是所要求的频率1 Hz的时钟信号,但是该分频器的占空比不是50%。

第 10 章 时序电路的结构化设计

```vhdl
library IEEE;
use IEEE.STD_LOGIC_1164.all ;
use IEEE.STD_LOGIC_ARITH.all ;
use IEEE.STD_LOGIC_UNSIGNED.all ;

entity clkdiv is
    Port ( clk : in STD_LOGIC;
           rst : in STD_LOGIC;
           clkout : out STD_LOGIC);
end clkdiv;

architecture Behavioral of clkdiv is

constant cntendval : STD_LOGIC_VECTOR(25 downto 0) := "10111110101111000010000000";
signal cntval : STD_LOGIC_VECTOR (25 downto 0);

begin

process (clk, rst)
  begin
  if rst = '1' then cntval <= "00000000000000000000000000";
    elsif (clk'event and clk = '1') then
      if (cntval = cntendval) then cntval <= "00000000000000000000000000";
        else cntval <= cntval + 1;
        end if ;
    end if ;
  end process ;

  clkout <= cntval(25);

end Behavioral;
```

练习 10　时序电路的结构化设计

学生		等级				
我提交的是我自己完成的作业。我懂得如果为了学分提交他人的作业要受到处罚。		序号	分数	得分	总分	
		1	12			
		2	8			
姓名_____	学号_____	3	20			
		4	20		第几周上交	
签名_____	日期_____					
预计耗用时数					最终得分	
1　2　3　4　5　6　7　8　9　10						
1　2　3　4　5　6　7　8　9　10		最终得分: 每迟交一周扣除总分的 20%				
实际耗用时数						

问题 10.1　给如图 10.17 所示的状态图指定状态码，并说明这样选择状态码的动机。

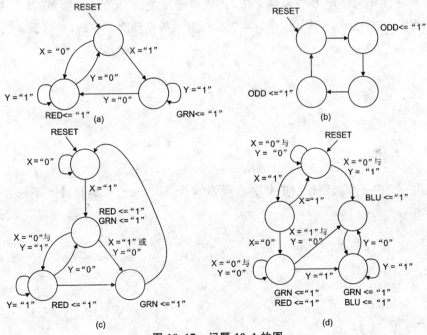

图 10.17　问题 10.1 的图

第10章 时序电路的结构化设计

问题10.2 修改如图10.18所示状态图中的分支条件,以确保在任何情况下都遵守"和规则"以及"互斥规则"。可根据需要增加一个保持条件或改变分支代码。

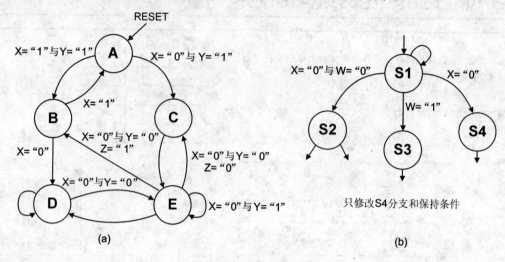

图10.18 问题10.2的图

问题10.3

(1) 如果投币30分钱,那么自动售货机就卖出一样东西。该机器有一个硬币感应器,它可以探测到5分、1毛和2毛5分钱的硬币,拒绝接受除此之外的其他东西,并且不找零钱。(例如,如果投2个2毛5分钱硬币,该自动售货机只是简单地卖出东西,并收下5毛钱)。

(2) 构建一个由4个按钮控制的数字号码锁的状态图,只有检测到输入序列为 B_0-B_3-B_1 时锁才能打开。

问题 10.4 绘制下列状态机的电路图(图 10.19)。

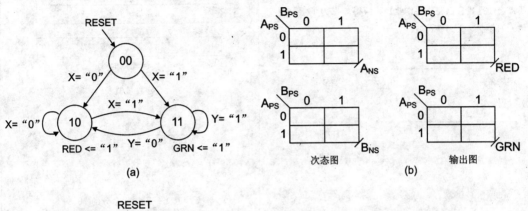

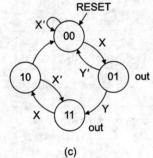

图 10.19 问题 10.4 的图

实验工程 10　时序电路的结构化设计

学生			预计耗用时数	
我提交的是我自己完成的作业。我懂得如果为了学分提交他人的作业要受到处罚。			1 2 3 4 5 6 7 8 9 10	
			1 2 3 4 5 6 7 8 9 10	
			实际耗用时数	
姓名		学号	分数量值表	
			4：好	
			3：完整	
签名		日期	2：不完整	
			1：小错误	
			0：未交	
			每迟交一周扣除总分的 20%	
			得分＝评分(Pts)×权重(Wt)	

实验室教师							实验室分数
序 号	演 示	Wt	Pts	Late	Score	实验室教师签名　日　期	
3	电路演示	10					
4	电路演示	3					

等 级								
序 号	附加题	Wt	Pts	Score	第几周提交	分 数	总分＝实验室分数＋得分表分数	总 分
1	源代码，仿真文件，工作表	6						
2	源代码和仿真	3						
3	工作表，源代码，仿真文件	10						
4	源代码，仿真文件，工作表	10						

问题 10.1　利用 Xilinx CAD 工具，创建一个具有 CEN 和 TC 功能的结构化的 4 位计数器。可以用原理图方式绘制，即从 Xilinx 库中调用 FDCE 触发器元件，或者用基于结构的 VHDL 描述方式(这种方式下，可以使用前面实验所设计的触发器)。要完成这一设计，需要找出计数器的次态逻辑电路，为此，图 10.20 给出了状态图和 K 图(也可从 Xilinx 原理图库中"借用"计数器电路，但不论采用何种方式设计，都必须完成 K 图)。计数器设计好后，用 VHDL 测试文件仿真，以确认显示所有可能的输出状态，打印并提交源代码文件和仿真文件。(提示：在 D 的次态图中可以使用大量的 XOR 模式。读者可能需要参考一些电路原理图源代码文件来检查你的 K 图中的圈是否正确)。

图 10.20(b)是空的 K 图，注意到如果使用一个带有 CE 输入的 DFF 来设计计数器，在如

图 10.20 所示的状态图中可以不画 CEN 输入(即,状态图中只显示转换成次态的分支条件,没有任何保持条件)。在这种情况下,计数器的 CEN 输入直接驱动 DFF 的 CE 输入(这将使 K 图的生成和画圈变得很容易——这可由读者选择)。

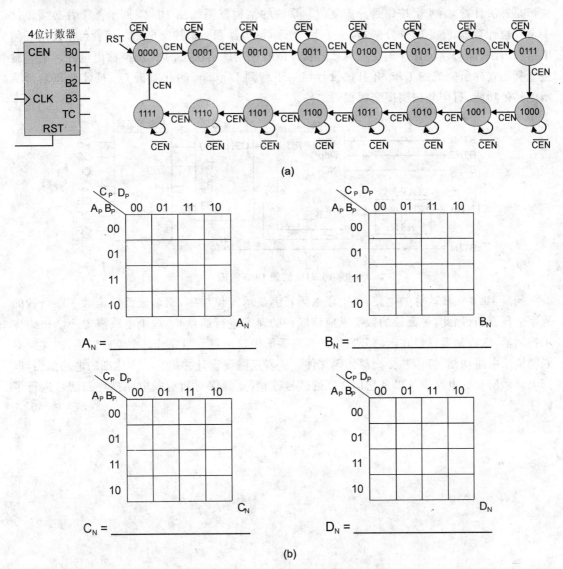

图 10.20 问题 10.1 的图

问题 10.2 用行为的 VHDL 设计一个 4 位计数器并用 VHDL 测试文件进行仿真。打印并提交源代码和仿真文件。

第10章 时序电路的结构化设计

问题 10.3 设计一个电路，使它可以在七段数码管上以每秒增 1 的方式显示数字（0～F）。这个电路有 4 个按钮作为输入：第 1 个按钮是启动计数，第 2 个按钮是停止计数，第 3 个按钮是加法计数，第 4 个按钮是异步复位。系统的结构框图如图 10.21 所示。读者必须设计一个 4 位计数器，一个时钟分频器，一个七段显示译码器和一个控制电路。读者可以使用任何工具和方法，但必须设计并提交控制器的状态图和一个展示次态的 K 图与输出电路。请实验室老师检查你所完成的工作，并且把设计结果下载到 Digilent 的开发板上。向实验室老师演示电路的功能，打印并诚实提交源代码文件。

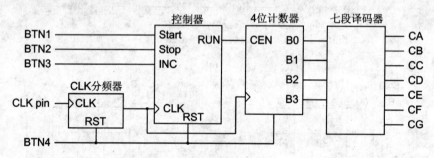

图 10.21 问题 10.3 的图

问题 10.4 修改你的电路，使七段数码管上显示 4 位数字，驱动最低那位数字以毫秒的速率进行刷新（因此，最高位的数字就应该以秒的速率进行刷新）。这个电路需要一个扫描显示控制器，该控制器已经在电路开发板的参考手册中讨论过。当完成这个电路以后，向实验室老师演示电路功能，打印并提交源代码文件。读者还需要设计并提交一个详细的电路框图，框图上显示所有的电路模块以及它们之间的信号连接（要确保对所有的电路模块和信号进行了标注）。

北京航空航天大学出版社

单片机与嵌入式系统教材

ARM嵌入式系统基础教程（第2版）
周立功 39.50元 2008.09

ARM&Linux嵌入式系统教程（第2版）
马忠梅 34.00元 2008.08

嵌入式系统设计与实践
杨刚 45.00元 2009.02

嵌入式系统开发与应用教程（第2版）
田泽 42.00元 2010.07

ARM Cortex微控制器教程
马忠梅 38.00元 2010.01

嵌入式系统原理与设计
徐瑞全 28.00元 2009.09

嵌入式实时操作系统μC/OS-II原理及应用（第2版）
任哲 30.00元 2009.10

嵌入式系统原理及应用——基于XScale和Windows CE 6.0
杨永杰 26.00元 2009.09

嵌入式接口技术与Linux驱动开发
郑灵翔 32.00元 2010.04

单片机初级教程——单片机基础（第2版）
张迎新 26.00元 2006.08

单片机中级教程——原理与应用（第2版）
张俊谟 24.00元 2006.10

单片机高级教程——应用与设计（第2版）
何立民 29.00元 2007.01

单片机原理及接口技术（第3版）
李朝青 27.00元 2005.10

单片机基础（第3版）
李广弟 24.00元 2007.06

单片机的C语言应用程序设计（第4版）
马忠梅 32.00元 2007.02

AVR单片机嵌入式系统原理与应用实践
马潮 52.00元 2007.10

电动机的单片机控制（第2版）
王晓明 26.00元 2007.08

PIC单片机原理及应用（第3版）
李学海 29.50元 2006.10

以上图书可在各地书店选购，或直接向北航出版社书店邮购（另加3元挂号费）
地　　址：北京市海淀区学院路37号北航出版社书店5分箱邮购部收（邮编：100191）
邮购电话：010-82316936　　邮购Email：bhebssd@126.com
投稿电话：010-82317035　　传　真：010-82317022　　投稿Email：emsbook@gmail.com

北京航空航天大学出版社

●嵌入式系统综合类

零存整取NetFPGA开发指南 陆佳华等 32.00元 2010.06

嵌入式系统软件设计与实战——基于IAR Embedded Workbench 唐思超 49.00元 2010.04

嵌入式Linux开发详解——基于AT91RM9200和Linux 2.6 刘庆敏等 29.00元 2010.05

精通嵌入式Linux编程——构建自己的GUI环境 李玉东 28.00元 2010.05

32位ARM微控制器系统设计与实践 黄智伟 48.00元 2010.03

Android程序设计（含光盘） 柯元旦 45.00元 2010.07

●DSP类

dsPIC数字信号控制器入门与实践——入门篇（含光盘） 石朝林 49.00元 2009.05

TMS320C55x DSP应用系统设计 赵洪亮 36.00元 2008.08

TMS320F24xDSP汇编及C语言多功能控制应用 林容益 65.00元 2009.05

电动机的DSC控制——微芯公司dsPIC应用 王晓明 56.00元 2009.05

电动机的DSP控制——TI公司DSP应用（第2版） 王晓明 49.00元 2008.08

TMS320X281x DSP原理及程序开发（含光盘） 苏奎峰 48.00元 2008.02

●单片机应用类

51单片机原理及应用——基于Keil C与Proteus 陈海宴 39.00元 2010.07

AVR单片机系统开发实用案例精选 江志红 49.00元 2010.04

PIC16系列单片机C程序设计与PROTEUS仿真（含光盘） El 48.00元 2010.06

单片机C语言程序设计实训100例——基于AVR+Proteus仿真 彭伟 65.00元 2010.05

MSP430单片机原理与应用实例详解 洪利 59.00元 2010.07

超低压SoC处理器C8051F9xx应用解析 包海涛 49.00元 2010.05

以上图书可在各地书店选购，或直接向北航出版社书店邮购（另加3元挂号费）
地　　址：北京市海淀区学院路37号北航出版社书店5分箱邮购部收（邮编：100191）
邮购电话：010-82316936　　邮购Email：bhcbssd@126.com
投稿电话：010-82317035　　传　真：010-82317022　　投稿Email：emsbook@gmail.com